Pythonで動かして学ぶ！

あたらしい
ブロックチェーンの教科書

　著

FLOCブロックチェーン大学校講師
赤澤直樹　　執筆協力

本書内容に関するお問い合わせについて

このたびは翔泳社の書籍をお買い上げいただき、誠にありがとうございます。
弊社では、読者の皆様からのお問い合わせに適切に対応させていただくため、以下のガイドラインへのご協力をお願いいたしております。
下記項目をお読みいただき、手順に従ってお問い合わせください。

ご質問される前に

弊社Webサイトの「正誤表」をご参照ください。これまでに判明した正誤や追加情報を掲載しています。

　　　正誤表　**https://www.shoeisha.co.jp/book/errata/**

ご質問方法

弊社 Web サイトの「刊行物Q&A」をご利用ください。

　　　刊行物 Q&A　https://www.shoeisha.co.jp/book/qa/

インターネットをご利用でない場合は、FAXまたは郵便にて、下記翔泳社愛読者サービスセンターまでお問い合わせください。電話でのご質問は、お受けしておりません。

回答について

回答は、ご質問いただいた手段によってご返事申し上げます。ご質問の内容によっては、回答に数日ないしはそれ以上の期間を要する場合があります。

ご質問に際してのご注意

本書の対象を越えるもの、記述個所を特定されないもの、また読者固有の環境に起因するご質問等にはお答えできませんので、予めご了承ください。

郵便物送付先およびFAX番号

送付先住所　〒160-0006　東京都新宿区舟町5
FAX 番号　　03-5362-3818
宛先　　　　㈱翔泳社 愛読者サービスセンター

※本書に記載されたURL等は予告なく変更される場合があります。
※本書の対象に関する詳細はivページをご参照ください。
※本書の出版にあたっては正確な記述につとめましたが、著者や出版社などのいずれも、本書の内容に対して何らかの保証をするものではなく、内容やサンプルに基づくいかなる運用結果に関してもいっさいの責任を負いません。
※本書に掲載されているサンプルプログラムやスクリプト、および出力結果を記した画面イメージなどは、特定の設定に基づいた環境にて再現される一例です。
※本書に記載されている会社名、製品名はそれぞれ各社の商標および登録商標です。
※本書の内容は、2019年9月執筆時点のものです。

PREFACE　はじめに

　ブロックチェーン技術は既存のビジネスモデルや社会制度を大きく変えると期待されており、金融、サプライチェーン、デジタルコンテンツ、IoTなどあらゆる領域を根底から覆してしまう可能性を秘めています。その可能性に賭けようと現在も多くのエンジニアやビジネスパーソンが国内外で名乗りを上げています。

　そのような中、本書は「テクノロジーは限られた人だけのものではなく、より多くの人のためのものであるべきだ」という信念のもと、ブロックチェーンを何となく聞いたことがあり、より深く理解したい方、教養として手を動かしながら学んでみたい方を対象に執筆しました。そのため、学生やビジネスマンの方でも読みやすいように心がけました。本書で使用するPython（パイソン）は、シンプルかつ近年人気の高い開発言語であり、手を動かしながら教養として技術を学ぶのにピッタリです。

　とはいえ、新しい分野に飛び込むのは勇気のいることです。その気持ち、よくわかります。筆者（赤澤）は高校時代、理系クラスに所属していましたが、大学では文理融合の学部に入りました。「自分の世界を広げたい」と思い、勇気を振り絞って苦手な外国語を専攻しました。そこでフランス語をはじめ、哲学など、まったくそれまでゆかりのない学問を（案の定）苦労しながら学びました。

　このような経験の中で、新しいことを学ぶ際のコツも学びました。それは、最初に全体の「輪郭」を把握することです。例えるならジグソーパズルでまず四隅や縁（ふち）のピースからはめていく感覚です。要素の学習を1つずつ積み重ねることは当然大事ですが、その前にわからなくてもよいので大枠を理解することで、効率よく学び、知識を深めていくことができます。

　ブロックチェーン技術は、技術面だけではなく、法規制や経済効果など、見る角度を変えると、まるで万華鏡のようにいろいろな表情を見せてくれる技術です。その分、全体の「輪郭」を捉えるだけでも骨が折れることでしょう。

　本書で扱っている内容は基本的な部分であり、「輪郭」を理解する上で必要なものにフォーカスしています。そのため、あえて踏み込まなかった内容もいくつかあります。「輪郭」を把握できた後は、より高度な専門書や開発団体等が公開している公式ドキュメントを通して、パズルのピースを埋めてもらえると幸いです。

　本書を手に取った読者の方と、同じ時代に同じ技術を学ぶ仲間としていられる縁（えん）に感謝しつつ、読者の方にとってかけがえのない一冊になることを祈っています。

2019年9月吉日

赤澤直樹

INTRODUCTION 本書の対象読者

　本書はブロックチェーンの仕組みと基礎知識について、Pythonを動かしながら学べる書籍です。以下のような方を対象にしています。

- ブロックチェーン技術を知りたいエンジニアの方
- 習得したPython言語でブロックチェーンの仕組みを知りたい方
- プログラミングもブロックチェーンもまとめて学びたいビジネスパーソン

INTRODUCTION 本書のサンプルの動作環境とサンプルプログラムについて

　本書の第4章から第14章のサンプルは 表1 の環境で、問題なく動作することを確認しています。第16章は、サンプルはありませんが、動作確認はmacOSで行っています。

表1 実行環境

項目	内容	項目	内容
OS	macOS ： Mojave 10.14.5 Windows：10 Pro 1803	Python	3.6
CPU	macOS ： 2.7 GHz Intel Core i7 Windows：3.7 GHz Intel Core i7	NumPy	1.16.4
メモリ	macOS ： 16 GB 2133 MHz LPDDR3 Windows：16GB	ecdsa	0.13.2
GPU	macOS ： Intel Iris Plus Graphics 655 1536 MB Windows：NVIDIA GeForce GTX 1060 6GB	base58	1.0.3
Anaconda （インストーラー）	macOS ： Anaconda3-2019.03-MacOSX-x86_64.pkg Windows：Anaconda3-2019.03-Windows-x86_64.exe	requests	2.22.0

付属データのご案内

　付属データ（本書記載のサンプルコード）は、以下のサイトからダウンロードできます。

- 付属データのダウンロードサイト
  URL https://www.shoeisha.co.jp/book/download/9784798159447

注意

　付属データに関する権利は著者および株式会社翔泳社が所有しています。許可なく配布したり、Webサイトに転載したりすることはできません。

　付属データの提供は予告なく終了することがあります。予めご了承ください。

会員特典データのご案内

会員特典データは、以下のサイトからダウンロードして入手いただけます。

- 会員特典データのダウンロードサイト

  URL https://www.shoeisha.co.jp/book/present/9784798159447

注意

会員特典データをダウンロードするには、SHOEISHA iD（翔泳社が運営する無料の会員制度）への会員登録が必要です。詳しくは、Webサイトをご覧ください。

会員特典データに関する権利は著者および株式会社翔泳社が所有しています。許可なく配布したり、Webサイトに転載したりすることはできません。

会員特典データの提供は予告なく終了することがあります。予めご了承ください。

免責事項

付属データおよび会員特典データの記載内容は、2019年9月現在の法令等に基づいています。

付属データおよび会員特典データに記載されたURL等は予告なく変更される場合があります。

付属データおよび会員特典データの提供にあたっては正確な記述につとめましたが、著者や出版社などのいずれも、その内容に対して何らかの保証をするものではなく、内容やサンプルに基づくいかなる運用結果に関してもいっさいの責任を負いません。

付属データおよび会員特典データに記載されている会社名、製品名はそれぞれ各社の商標および登録商標です。

著作権等について

付属データおよび会員特典データの著作権は、著者および株式会社翔泳社が所有しています。個人で使用する以外に利用することはできません。許可なくネットワークを通じて配布を行うこともできません。個人的に使用する場合は、ソースコードの改変や流用は自由です。商用利用に関しては、株式会社翔泳社へご一報ください。

2019年9月

株式会社翔泳社　編集部

CONTENTS

目次

はじめに ……………………………………………………………………………………… iii

本書の対象読者 …………………………………………………………………………… iv

本書のサンプルの動作環境とサンプルプログラムについて ……………………iv

第1部 ブロックチェーンの概要と構成技術

第1章 ブロックチェーンの概要と学ぶ意味　003

1.1 分散システムとブロックチェーン ……………………………………………… 004
　1.1.1 集中システムと分散システム ……………………………………………… 004
　1.1.2 ブロックチェーンが成し遂げたこと …………………………………… 005
1.2 ブロックチェーンの構造 ……………………………………………………………… 006
　1.2.1 ブロックとチェーンの構造 ………………………………………………… 006
　1.2.2 たくさんのコンピューターによって共有されている ………………… 007
　1.2.3 ブロックチェーンの特徴 …………………………………………………… 008
1.3 ブロックチェーンの型 ………………………………………………………………… 008
　1.3.1 パブリックチェーン ………………………………………………………… 008
　1.3.2 プライベートチェーン ……………………………………………………… 010
　1.3.3 コンソーシアムチェーン …………………………………………………… 011
　1.3.4 ブロックチェーンの活かし方は工夫次第 ……………………………… 012
1.4 スマートコントラクト ………………………………………………………………… 012
　1.4.1 ブロックチェーン2.0とプラットフォーム型ブロックチェーン …… 012
　1.4.2 スマートコントラクトと分散型アプリケーション（DApps）……… 013
1.5 ブロックチェーンの歴史 ……………………………………………………………… 013
　1.5.1 ブロックチェーン前史（1990年代前半〜2000年代前半）………… 014
　1.5.2 サトシナカモトによる論文発表（2008年〜2010年）……………… 014
　1.5.3 アルトコインの急増（2011年〜2019年現在）………………………… 015

1.5.4 プラットフォーム型ブロックチェーンの誕生
　　　（2015年〜2019年現在）································· 016
1.5.5 プライベート（コンソーシアム）チェーンの誕生
　　　（2015年〜2019年現在）································· 016
1.5.6 ブロックチェーンや周辺技術が多様化（現在〜）··········· 017
1.6 増えるユースケース ··· 017
　1.6.1 トレーサビリティの向上 ································· 017
　1.6.2 分散型ゲーム ··· 017
　1.6.3 パラメトリック保険 ····································· 018
　1.6.4 分散型SNS ··· 018
　1.6.5 IoTとの連携 ··· 018
1.7 ブロックチェーンを学ぶ意義 ································· 019
　章末問題 ··· 019

第2章 ブロックチェーンの構成技術　　　　　　　　　021

2.1 暗号技術 ··· 022
　2.1.1 暗号学的ハッシュ関数 ··································· 022
　2.1.2 公開鍵暗号方式 ··· 022
　2.1.3 電子署名 ··· 024
2.2 P2Pネットワーク ··· 025
　2.2.1 P2Pネットワークとは ··································· 025
　2.2.2 クライアントーサーバー方式との比較 ··················· 026
　2.2.3 ブロックチェーンにおけるP2Pネットワーク ············· 026
　2.2.4 フルノードとSPVノード ································· 027
2.3 コンセンサスアルゴリズム ··································· 028
　2.3.1 P2Pネットワーク上でただ1つの真実を決める ··········· 028
　2.3.2 Proof of Workとは ····································· 028
　2.3.3 Proof of Workのプロセス ······························ 029
　2.3.4 ハッシュパワーと難易度調整 ····························· 030
　2.3.5 Proof of Workのデメリット ····························· 031
　2.3.6 その他のコンセンサスアルゴリズム ····················· 032
　章末問題 ··· 033

第2部 Python の基本

第3章 Python の概要と開発環境の準備　　037

3.1 なぜPython なのか　　038
3.1.1 バージョンについて　　038
3.2 開発環境の構築　　038
3.2.1 Anaconda（アナコンダ）とは　　038
3.2.2 Anaconda のインストールにあたっての留意点　　039
3.2.3 Anaconda のインストール方法　　039
3.2.4 インストール手順を進める　　040
3.2.5 Anaconda で仮想環境を作成する　　040
章末問題　　046

第4章 Python の基本文法　　047

4.1 演算　　048
4.2 ビット演算子　　048
4.3 変数　　051
4.4 関数　　052
4.4.1 関数　　052
4.4.2 変数のスコープ　　053
4.5 データ型　　053
4.5.1 主なデータ型　　053
4.5.2 データ型の確かめ方　　054
4.6 リスト（配列）　　055
4.6.1 リスト　　055
4.6.2 インデックス　　055
4.6.3 配列の扱い　　055
4.7 辞書　　057
4.7.1 辞書型　　057
4.7.2 要素の扱い方　　057

4.8 JSON ──────────────────────────── 058

4.9 制御文（if文、for文、while文）──────── 059

4.9.1 比較演算子 ────────────────── 059

4.9.2 if文 ─────────────────────── 060

4.9.3 for文 ────────────────────── 061

4.9.4 while文 ──────────────────── 062

章末問題 ─────────────────────── 063

第5章 オブジェクト指向とクラス　065

5.1 オブジェクト指向 ──────────────── 066

5.1.1 オブジェクト指向とは ──────────── 066

5.1.2 オブジェクト指向のメリット ───────── 066

5.2 クラス ────────────────────── 066

5.2.1 クラス ───────────────────── 066

5.2.2 インスタンス ────────────────── 067

5.3 特殊メソッド ─────────────────── 068

5.3.1 初期化する特殊メソッド ──────────── 068

5.3.2 文字列型へ変換する特殊メソッド ─────── 068

5.3.3 オブジェクトを辞書型のように扱う特殊メソッド ─── 069

章末問題 ─────────────────────── 069

第6章 モジュールとパッケージ　071

6.1 モジュールとパッケージ ─────────── 072

6.1.1 モジュール ────────────────── 072

6.1.2 パッケージ ────────────────── 072

6.1.3 pip ─────────────────────── 073

6.2 import文 ───────────────────── 074

6.2.1 import文の使い方 ────────────── 074

6.2.2 import文の注意点 ────────────── 075

6.3 `if __name__ == '__main__':` ──────── 075

章末問題 ─────────────────────── 076

第3部 ブロックチェーンの仕組み

第7章 ブロックチェーンの構造　　081

7.1 ハッシュ関数 ·· 082
7.1.1 ハッシュ関数とは ·· 082
7.1.2 ハッシュ関数の種類 ·· 083
7.1.3 ハッシュ関数を使ってみよう ································· 083
7.2 ブロックの中身 ·· 086
7.2.1 ブロック内部の構造 ·· 086
7.2.2 ブロックヘッダ ·· 087
7.2.3 トランザクション ··· 088
章末問題 ·· 089

第8章 アドレス　　091

8.1 アドレスが生成されるプロセス ··································· 092
8.1.1 アドレスとは ·· 092
8.1.2 アドレスが生成されるまでの全体像 ······················ 092
8.2 秘密鍵の生成 ·· 093
8.2.1 秘密鍵の種は「乱数」·· 093
8.2.2 秘密鍵を生成してみよう ·· 093
8.3 公開鍵の生成 ·· 094
8.3.1 公開鍵を生成してみよう ·· 094
8.3.2 （発展編）楕円曲線 ·· 096
8.3.3 （発展編）楕円曲線暗号 ·· 097
8.3.4 （発展編）秘密鍵から公開鍵を生成 ······················ 097
8.3.5 公開鍵のフォーマット ··· 099
8.4 アドレスの生成 ·· 102
8.4.1 可読性を高める工夫 ·· 102
8.4.2 Base58 ··· 102
8.4.3 Base58Check ·· 102

8.4.4 アドレスを生成する ……………………………………………………… 104

章末問題 ………………………………………………………………………… 106

第9章 ウォレット 107

9.1 ウォレットとは …………………………………………………………… 108

9.1.1 ウォレットは秘密鍵を管理している …………………………………… 108

9.1.2 ウォレットの安全性と利便性 …………………………………………… 108

9.1.3 秘密鍵をより扱いやすくするために… ………………………………… 109

9.2 非決定性ウォレットと決定性ウォレット ……………………………… 109

9.2.1 非決定性ウォレット ……………………………………………………… 109

9.2.2 決定性ウォレット ………………………………………………………… 110

9.3 階層的決定性ウォレット（HDウォレット）………………………… 111

9.3.1 HDウォレットの概要 …………………………………………………… 111

9.3.2 マスター秘密鍵、マスター公開鍵、チェーンコード ………………… 112

9.3.3 マスター鍵を生成してみよう ………………………………………… 113

9.3.4 子鍵の生成 ………………………………………………………………… 116

9.3.5 子秘密鍵を生成しよう ………………………………………………… 117

9.3.6 拡張鍵 ……………………………………………………………………… 118

9.3.7 強化導出鍵 ………………………………………………………………… 119

9.3.8 HDウォレットのパス …………………………………………………… 120

章末問題 ………………………………………………………………………… 122

第10章 トランザクション 123

10.1 ビットコインブロックチェーンのトランザクション ……………… 124

10.1.1 ビットコインにおけるトランザクションデータの構造 …………… 124

10.1.2 実際のトランザクションデータを確認 ……………………………… 125

10.1.3 トランザクションデータを取得してみよう ………………………… 129

10.2 UTXO ……………………………………………………………………… 134

10.2.1 UTXO ……………………………………………………………………… 135

10.2.2 アカウントベース方式とUTXO方式 ………………………………… 136

10.2.3 UTXOを取得してみよう ……………………………………………… 137

10.3 コインベース取引 ······ 139

　10.3.1 コインベース取引 ······ 139

　10.3.2 実際のコインベース取引を確認しよう ······ 140

10.4 スクリプト言語 ······ 142

　10.4.1 スクリプト言語 ······ 142

　10.4.2 OP_CODE ······ 142

10.5 トランザクションの種類 ······ 143

　10.5.1 Locking Script と Unlocking Script ······ 143

　10.5.2 トランザクションの種類 ······ 144

　10.5.3 P2PKH（Pay-to-Public-Key-Hash） ······ 144

　10.5.4 P2PK（Pay-to-Public-Key） ······ 145

　10.5.5 P2SH（Pay-to-Script-Hash） ······ 146

　章末問題 ······ 147

第11章 Proof of Work　149

11.1 Proof of Work ······ 150

　11.1.1 Proof of Work のプロセス ······ 150

　11.1.2 Proof of Work で改ざんが難しい理由 ······ 151

11.2 ブロックヘッダを作る ······ 151

　11.2.1 ブロックヘッダの復習 ······ 151

11.3 Nonce を変えてハッシュ計算 ······ 152

　11.3.1 ハッシュ計算のイメージ ······ 152

　11.3.2 Difficulty bits と Difficulty Target ······ 154

　11.3.3 ブロックヘッダのハッシュ化 ······ 156

　11.3.4 条件に合うハッシュ値が見つからない場合 ······ 160

　章末問題 ······ 161

第 4 部 ブロックチェーンを作る

第12章 実装するブロックチェーンの概要を確認しよう　165

12.1 実装するブロックチェーン　166
12.1.1 実装するブロックチェーンの構造　166
12.1.2 機能について　167
12.1.3 カスタマイズについて　167
12.2 実装にあたっての留意点　167
12.2.1 初学者を想定した構築　168
12.2.2 実用には使えない　169
12.2.3 マイニングの成功時間　169

第13章 プレーンブロックチェーンを作ろう　171

13.1 プレーンブロックチェーン　172
13.1.1 プレーンブロックチェーンの実装　172
13.1.2 出力結果　175
13.2 プレーンブロックチェーンの解説　180
13.2.1 2つのクラス　180
13.2.2 個々のブロックを定義する「Blockクラス」　180
13.2.3 ブロックの関係性を定義する「Blockchainクラス」　183
章末問題　187

第14章 カスタマイズしてみよう　189

14.1 難易度調整（Retargeting）　190
14.1.1 難易度調整のルール　190
14.1.2 難易度調整が行われる理由　190
14.1.3 難易度調整の仕組みを確認する　191

14.2 マークルルート 196

　14.2.1 マークルルートの復習 196

　14.2.2 マークルルートとマークルツリーの意義 197

　14.2.3 マークルルートの実装方針 198

　14.2.4 マークルルートを計算してみよう 199

　章末問題 203

第5部 ブロックチェーンをさらに学ぶ

第15章 ブロックチェーン開発の最前線　　　207

15.1 スケーラビリティ問題への挑戦 208

　15.1.1 スケーラビリティ問題 208

　15.1.2 ブロックサイズの拡張とデータの効率化 209

　15.1.3 ライトニングネットワーク 210

　15.1.4 サイドチェーン技術 211

15.2 ブロックチェーンの多様化 212

　15.2.1 イーサリアム（Ethereum） 212

　15.2.2 IOTA 213

　15.2.3 量子耐性のあるブロックチェーン 214

15.3 暗号技術の進化 214

　15.3.1 シュノア署名 215

　15.3.2 ゼロ知識証明 215

　15.3.3 準同型暗号 215

　章末問題 216

第16章 より学びたい人のために　　　217

16.1 情報収集を続けよう 218

　16.1.1 ビットコインに関する公式の情報源 218

　16.1.2 ブロックチェーン全般の情報源 218

16.2 さらに学習範囲を広げよう ·········· 219

　16.2.1 オンラインのみの学習サービス ········· 219

　16.2.2 オフライン中心の教育学習サービス ········· 220

16.3 Bitcoin Core を導入してみよう ·········· 221

　16.3.1 Bitcoin Core とは ·········· 221

　16.3.2 Bitcoin Core のインストールにあたっての注意点 ········· 221

　16.3.3 インストール方法 ········· 223

　16.3.4 ディレクトリの説明 ········· 229

　16.3.5 データを取得してみよう ········· 230

16.4 ブロックチェーンのカスタマイズを進めてみよう ······ 233

　16.4.1 本書で扱ったプレーンブロックチェーン ········· 233

　16.4.2 より "リアル" に近づける ········· 234

　16.4.3 他の言語で実装してみる ········· 234

　16.4.4 新技術を取り込んでみる ········· 234

16.5 DApps 開発に挑戦してみよう ········· 235

　16.5.1 DApps 開発プラットフォーム ········· 235

　16.5.2 プラットフォームの選び方 ········· 235

　章末問題 ········· 236

Appendix 章末問題の解答 　　237

おわりに ········· 241

謝辞 ········· 241

INDEX ········· 242

著者プロフィール ········· 247

執筆協力者プロフィール ········· 247

第
1
部

ブロックチェーンの
概要と構成技術

ブロックチェーン技術はさまざまな技術が連携し合うことで成立し
ています。まず初めにブロックチェーン技術の概要と構成する技術
を確認していきましょう。

第1章　ブロックチェーンの概要と学ぶ意味
第2章　ブロックチェーンの構成技術

第1章 ブロックチェーンの概要と学ぶ意味

ブロックチェーンが登場して以来、さまざまな技術的な改良が加えられ、多くの業界や領域で活用が検討され始めています。ここでは、ブロックチェーンの概要について1つひとつ確認していきましょう。

1.1 分散システムとブロックチェーン

ブロックチェーンは突然生み出された技術ではありません。このことは分散システムの特徴と発展の歴史を見ていくと、よくわかります。

1.1.1 集中システムと分散システム

ソフトウェアシステムの構造（アーキテクチャ）には大きく「**集中システム**」と「**分散システム**」の2つがあります。図1.1のように、集中システムは1つの中心があり、そこに他のコンピューターが接続する形になっており、分散システムは複数のコンピューター同士が相互に接続し合って形成されます。システムによっては、分散システムと集中システムを組み合わせることもあり、状況に応じて適切な構造を採るよう工夫されます。

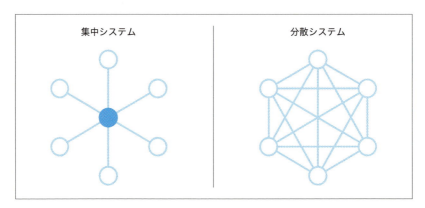

図1.1 集中システムと分散システム

集中システムと分散システムそれぞれの長所・短所は表1.1の通りです。比較すると、この2つは正反対の性質を持つ構造だとわかります。

表1.1 集中システムと分散システムの長所・短所

	集中システム	分散システム
長所	・柔軟に仕様変更ができる ・処理が速い ・設計がシンプルになる	・コストを削減できる ・システムダウンしない ・計算能力が高く成長させられる
短所	・単一障害点という急所がある ・情報が集中しプライバシーの問題が生じる ・維持管理に必要な技術力やコストが高くなる	・ネットワークがなければ機能しない ・連携したり通信したりするコストが発生する ・プログラムが複雑

　集中システムでは、中心にあるコンピューターが動かなくなるとシステム全体が停止（システムダウン）してしまう「**単一障害点**」と呼ばれるマシンが存在したり、維持管理にコストがかかってしまったりする欠点があるものの、システムの柔軟性や一貫性を維持するのが比較的、容易である長所があります。また何よりもシステムにおけるデータ完全性を維持できるメリットがあります。データ完全性は、データに欠けているところや間違っているところがない性質のことで、システムにおけるデータを信頼するための条件になります。

　分散システムは、システムにおける処理を多くのコンピューターで分担するためコストを削減することができ、単一障害点がないことでシステムダウンする可能性がとても低くなります。加えて、計算能力を高めていくことも可能です。ネットワークに接続している多くのコンピューターの計算能力を利用できるため全体の計算能力が高くなると同時に、接続するコンピューターを増やすことで、その計算能力を徐々に大きくすることも可能です。今では多くの人々が高性能のPCやスマートフォンなどを持つようになっているため、それらが接続し合って大きな計算能力を実現できるようになりました。また、低コストかつダウンしないシステムであれば、貨幣や資産のような重要なデータを扱うことができるように思えます。

① ① ② ブロックチェーンが成し遂げたこと

　しかし、分散システムには貨幣や資産のようなデータを扱えない決定的な欠点があります。それはデータ完全性の維持が困難であることです。貨幣や資産のデータがネットワーク上のコンピューターによって異なっていると、どのデータを信じればよいかがわからなくなり、データへの信頼性がなくなってしまいます。このような状況では、重要なデータを扱うことはできません。そのため、貨

幣や資産などの重要なデータはこれまで、完全性を維持しやすい集中システムを中心に扱われてきました。

しかし、すでに紹介した通り、集中システムには単一障害点という"急所"があり、情報が一箇所に集まっています。このことは長所であるものの、維持管理するために必要な技術力やコストが高くなることや、情報が集中することによるプライバシーの問題を浮き彫りにしてしまいます。

そこで、プライバシーの問題が小さく、コストを抑え計算能力の高い分散システムで、集中システムほどの利便性を持つことができれば両者のいいとこ取りができます。そこで登場するのが、ブロックチェーン技術なのです。ブロックチェーン技術は、多くのメリットを持つ分散システムで、集中システムのようにデータの完全性を維持するための技術として開発されたとみることができます。その意味では、分散システムの可能性をさらに拡張するための技術であり、新たな扉を開いた技術として熱い視線を浴びることとなったのです。

1.2　ブロックチェーンの構造

ブロックチェーンは「ブロック」と呼ばれるデータを数珠状につなげた形をしており、ブロックを要約したデータを次のブロックに取り込むことで全体の整合性を取っています。

1-2-1 ブロックとチェーンの構造

複数の取引データをひとまとまりにして、ブロックとしてまとめます。この時、ブロックには関連する複数のデータも同時に格納されます。これらのデータはブロックヘッダと呼ばれています（ 図1.2 ）。ブロックヘッダには同じブロックに格納されている取引データを要約したデータやタイムスタンプなどのメタデータも含まれます。

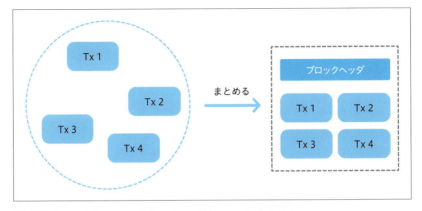

図1.2 ブロック生成のイメージ（Txはトランザクションデータのこと）

　このブロックヘッダの要約されたデータが、次のブロックのブロックヘッダに格納されます。こうして、あるブロックから1つ前のブロックへの"リンク"ができあがります。これをすべてのブロックに対して連鎖的に行うことで、ブロックチェーン全体で整合性を保つことができるようになります（ 図1.3 ）。

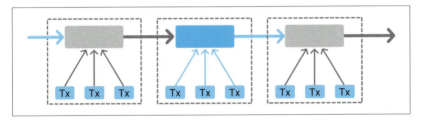

図1.3 ブロック同士がリンク

1-2-2 たくさんのコンピューターによって共有されている

　ブロックチェーンは特定のサーバーやコンピューターに保管されているのではなく、多くのコンピューターによって分散的に管理されています。そのため、同じブロックチェーンのデータを多くのコンピューターで共有して管理しています。このような仕組みを「**P2P方式**」と言い、ブロックチェーン技術の大きなポイントの1つとなっています。

①-②-③ ブロックチェーンの特徴

ブロックチェーン技術の持つ特徴は主に以下の4点に集約できます。

1. 改ざんへの耐性が強い
2. ゼロダウンタイム（障害や攻撃があってもダウンしない）
3. トラストレス
4. 低コスト

ブロックチェーンはブロックの並び方に依存関係があるため、データを書き換えた場合、そこから連なるすべてのデータが変わってしまいます。データは多くのコンピューターによって共有されているため、ブロックチェーンを見ることのできる人であれば改ざんされたと確認できるようになっています。

また、分散システムの1つであるP2Pネットワークを前提として成立する技術のため、障害や攻撃に強いという特徴があります。仮に何かのマシンが障害や攻撃に見舞われたとしても、周りの他のノードに問い合わせれば元どおりのデータを復元でき、トラブル以前のサービスを受けることができます。

トラストレスとは、何らかのサービスを利用する際に必要な信用リスクが低いことを指します。ブロックチェーンはその高い耐改ざん性ゆえに、特定の誰かを特別に信じなくてもサービスを利用することができます。

低コストであることも大きな特徴です。ブロックチェーンと同程度のレベルのセキュリティを従来通りのシステムで実現するには、大きなコストがかかります。また、国や地域に関係なく利用できるため、これまで高いコストのかかっていた国際送金のような領域では大きくコストを下げることも可能になります。

1.3　ブロックチェーンの型

一言でブロックチェーンと言っても3つに分類されます。それぞれに強み弱みがあるため、ケースバイケースで使い分ける必要があります。

①-③-① パブリックチェーン

「パブリックチェーン」とは、ビットコインをはじめとする仮想通貨のブロック

チェーンに代表されるように、誰でも参加できるネットワークを持っているブロックチェーンです（ 図1.4 ）。

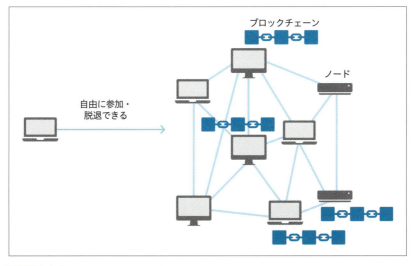

図1.4　パブリックチェーンのイメージ

「パブリックチェーン」の長所と短所を整理すると 表1.2 のようになります。

表1.2　パブリックチェーンの特徴

長所	短所
・管理者が必要ない（権限が集中しない） ・透明性・公共性が高い ・正当なルールの下、運営される（ルールの変更には正当性がなければならない）	✓ 取引の承認に時間がかかる ✓ データ容量問題 ✓ ファイナリティがない ✓ 取り消しができない ✓ 未完成な法整備

　パブリックチェーンは、誰でも自由にネットワークに参加できるため、権限が集中せず公正公平な環境を作ることができます。また、衆人環視のもとで運営されるため、透明性や公共性を高く維持することが可能です。加えて、何らかの仕様変更や取引の承認などは正当なルールの下で実施されます。
　一方、承認に時間がかかることや、ブロックチェーン全体のデータ容量が増え続けることなどがデメリットとして挙げられます。また、「**ファイナリティ**」がない点もパブリックチェーン特有の課題だと言えます。ファイナリティとは決済完了性のことで、決済が確定し覆らない性質のことを言います。パブリックチェー

ンの場合は、十分にブロックがつながれば覆される可能性が著しく低くなることをもって確率的に取引を確定と見なします。ビットコインの場合、6ブロックがつながれば確率的にファイナリティが得られるとされています。

1-3-2 プライベートチェーン

「プライベートチェーン」とは、ネットワークへの参加者を特定の組織や個人が承認できたり、ネットワーク上での仕様変更を独断で進めることができたりするタイプのブロックチェーンです（図1.5）。

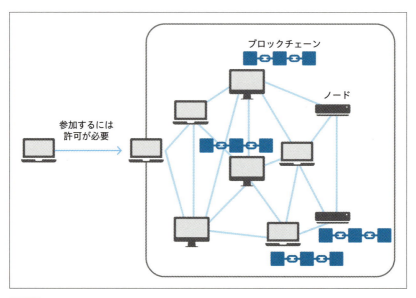

図1.5 プライベートチェーンのイメージ

プライベートチェーンの長所と短所を整理すると表1.3のようになります。

表1.3 プライベートチェーンの特徴

長所	短所
・取引（ブロック）承認のスピードが速い ・情報の共有内容と範囲を限定できる ・インセンティブが不要	✓ 透明性・公共性が低い ✓ 安全性・可用性の問題（カウンターパーティリスクがある）

1-3-3 コンソーシアムチェーン

「コンソーシアムチェーン」とは、ネットワークへの参加者を複数の組織や個人が承認できたり、限られた主体での合意形成で仕様変更をできたりするタイプのブロックチェーンです。パブリックチェーンとプライベートチェーンの間をとったような仕組みです（図1.6）。

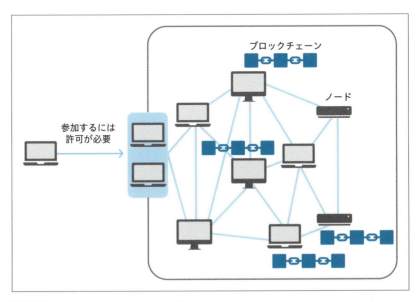

図1.6 コンソーシアムチェーンのイメージ

コンソーシアムチェーンの長所と短所を整理すると表1.4のようになります。

表1.4 コンソーシアムチェーンの特徴

長所	短所
・取引（ブロック）承認のスピードが比較的、速い ・情報の共有内容と範囲を限定できる ・インセンティブが不要 ・独裁を抑えられる	✓ 透明性や公共性が比較的、低い ✓ 安全性・可用性の問題（カウンターパーティリスクが残る）

1-3-4 ブロックチェーンの活かし方は工夫次第

パブリックチェーンとプライベートチェーン、コンソーシアムチェーンを比較してみるとそれぞれの個性が浮かび上がってきます（ 表1.5 ）。

表1.5 各種ブロックチェーンの比較

チェーンの種類	パブリック	コンソーシアム	プライベート
管理主体	なし	複数	単体
承認の速さ	遅い	速い	速い
透明性・公共性	高い	比較的低い	低い

いずれのタイプもブロックチェーンの基本哲学を引き継いでいるものの、管理主体や合意形成の速さなどに大きな違いがあることがわかります。この違いはビジネスで使いやすいかどうかに大きな影響を与えます。

最初に登場したのはパブリックチェーンでしたが、パブリックチェーンは大部分のデータが公開されてしまいます。また、取引の承認に時間がかかる上に、ファイナリティがないという特徴を持っているため、ビジネスでは利用しにくいという欠点がありました。そのため、ブロックチェーンの特徴を持ちつつ、ビジネスの現場でも使いやすいブロックチェーンとしてプライベートチェーンやコンソーシアムチェーンが開発されました。

1.4 スマートコントラクト

ブロックチェーン技術はいくつもユニークな性質を持っていますが、それをより幅広い分野で活かせるようにと開発されたのが「**プラットフォーム型ブロックチェーン**」や「**スマートコントラクト**」です。

1-4-1 ブロックチェーン2.0とプラットフォーム型ブロックチェーン

ブロックチェーンは当初、仮想通貨を実現するための技術として世に生まれました。ところが、仮想通貨以外の領域でもブロックチェーンを利用する試みが生まれ、さまざまな研究開発が行われ始めました。このような動きは「**ブロック**

チェーン2.0」と呼ばれることがあります。

プラットフォーム型ブロックチェーンの代表格は、Ethereum（イーサリアム）やLISK（リスク）などが挙げられます。これらのブロックチェーン上ではプログラミングをすることが可能で、仮想通貨の送金以上に複雑な処理を記述し実行することができるようになりました。

2013年、イーサリアムの開発者の一人であるヴィタリック・ブテリンは弱冠19歳でイーサリアムの原型を作り上げ、今も勢力的に開発を進めています。彼はイーサリアムの着想について、「**ビットコインが電卓なら、イーサリアムはスマートフォン**」と語っています。プログラミング言語をサポートすることで、誰もが自由にあらゆるアプリケーションを想像力のままに構築し、簡単に使うことができるための基盤としてイーサリアムを構想しています。そして、その鍵になる技術がスマートコントラクトです。

1 4 2 スマートコントラクトと分散型アプリケーション（DApps）

スマートコントラクトとは、「契約の当事者同士で交わされた合意内容について、条件が満たされれば当事者がいなくとも自動的に実行される仕組み」のことです。スマートコントラクトの概念自体は、1997年にアメリカの法学者・暗号学者であったニック・ザボーによって提唱されており、ブロックチェーンの登場以前から存在していました。ブロックチェーンにおけるスマートコントラクトは、「記述された契約の内容が改ざんされる恐れが極めて低く、自動的に実行される」という点でスマートコントラクトを非常に強力なものにしています。

スマートコントラクトを利用して、より複雑な処理を記述することで実現したのが**分散型アプリケーション（DApps）**です。ブロックチェーンの特徴を活かすことで、これまでには実現し得なかった顧客体験がデザインできるとして大きな注目を集めています。

1.5 ブロックチェーンの歴史

2019年9月現在では、多種多様なブロックチェーンや周辺技術が誕生していますが、歴史を遡ればビットコインのブロックチェーンに辿り着きます。

1-5-1 ブロックチェーン前史 (1990年代前半～2000年代前半)

1990年代前半から2000年代前半にかけて、eコマースがビジネスモデルとして実現されるようになり、後にドットコムバブルと呼ばれるブームが到来しました。ITがビジネス上の大きな潜在性を持っていると認識されるようになったことで大きな投資を呼び込んだのです。

そんな中、電子マネーの開発も盛んに行われるようになりました。1996年には、ソニーが「FeliCa」と呼ばれるICチップを開発し、さまざまな非接触式ICカードを使った電子マネーが乱立するようになりました。クレジットカード各社もオンライン決済などに力を入れるようになり、電子決済の普及が徐々に進むようになりました。しかし、どれも特定の企業による担保を必要とする意味では中央集権的な仕組み、いわば集中システムでした。

時を同じくして、P2P技術の開発も盛んに行われるようになり、WinnyをはじめとするP2Pアプリケーションが開発され始めました。ところが、著作権に違反したデータが共有されたり、ウイルスが拡散し削除できなくなってしまったり、といった事案が数多く報告され、P2P技術が克服しなければいけない課題が浮き彫りになりました。

eコマースが普及したことが追い風となり、電子決済が普及し始めましたが、中央集権的であることが問題視され始め、P2P技術への注目が集まりました。ところが、P2P技術が持つ課題をクリアしなければ、電子決済では使えないことが明らかになりました。さまざまな研究者や技術者が課題をクリアしようと試みてきましたが、これといった成果がでないままでした。そんな状況に風穴をあけたのが他でもないブロックチェーンというアイデアだったのです。

1-5-2 サトシナカモトによる論文発表 (2008年～2010年)

ブロックチェーンの元となるアイデアはサトシナカモトと呼ばれる謎の人物によって2008年10月に暗号学のメーリングリストで共有される形で突如として公開されました。最初は論文の内容をいぶかしむ人も多かったのですが、その可能性を感じた一部の研究者や技術者がサトシナカモトとやり取りを始め、2009年1月に人類史上最初のブロックが生成されました。ちなみに、ブロックチェーンの最初のブロックを「**ジェネシスブロック**」と言います。ビットコインのジェネシスブロックには、以下のフレーズが格納されています。

- タイムズ紙　2009年1月3日　『銀行の二度目の救済を宰相が検討中』
  The Times 03/Jan/2009 Chancellor on brink of second bailout for banks

ビットコインをはじめとするパブリックチェーンのブロックは、誰でも確認することができるため、ジェネシスブロックと上記のフレーズを確認することができます（ 図1.7 ）。

図1.7　ジェネシスブロックの中身

出典　chainFlyer
URL　https://chainflyer.bitflyer.jp/Transaction/4a5e1e4baab89f3a32518a88c31bc87f618f76673e2cc77ab2127b7afdeda33b

　ビットコインのジェネシスブロックにこのフレーズが刻まれた理由はいくつか考えられますが、従来型の金融システムへの批判や皮肉が込められていると考えられています。中央集権的な金融システムの失敗へ税金が投入されることに対して、ビットコインの仕組みがこれを解決するという宣言だとみられています。

　その後、2010年5月22日には、ピザ2枚が1万BTC（ビットコイン1単位あたりを1BTCと表します）と交換され、初めてビットコインが利用されました。こうして、ここからビットコインの普及が始まりました。

1.5.3 アルトコインの急増（2011年〜2019年現在）

　ビットコインが次第に知名度を上げていく中で、ビットコインのブロックチェーンをベースにしつつ、より機能を改良したり付加したりした新しいブロックチェーンも開発されるようになりました。そこで誕生したビットコイン以外の

仮想通貨を「**アルトコイン**」と言います。

最初のアルトコインは、Namecoin（ネームコイン）と言われるものでした。ビットコイン自体からもさまざまなアルトコインが分岐しており、2017年にはビットコインキャッシュ、ビットコインゴールド、スーパービットコインなど数多くが誕生しています。さらに2018年にビットコインキャッシュは、ビットコインABCとビットコインSVに分裂しています。このようにビットコインのブロックチェーンを起点に、アルトコインが急増してきました。

また、アルトコインの急増に伴って、多くのマイナーが乱立するようになりました。ブロックをつなげていく作業をマイニングといい、マイニングを行う主体をマイナーと言います。特に、マイニングの方式にProof of Work（PoW）を採用しているブロックチェーンでは、マイナーの持つマシンの演算能力がものをいいます。そのため、マイニング専用の「ASIC」と呼ばれるチップも開発されマイニング競争に拍車をかけました。

1-5-4 プラットフォーム型ブロックチェーンの誕生（2015年〜2019年現在）

ビットコインやその他のアルトコインの急増を受けて、ブロックチェーンの仮想通貨以外の使い方を模索する動きがでてきました。2015年にはイーサリアムが、その翌年にはLiskがリリースされました。プラットフォーム型のブロックチェーンが数多くリリースされたことで、さまざまなDAppsが開発されアルトコインの開発にも拍車がかかりました。

また、この頃にはICO（Initial Coin Offering）が盛んに行われるようになりました。ICOは仮想通貨を新規に発行し、出資者に販売することで資金調達する方法のことです。それまでのアルトコインの急増に加え、プラットフォーム型のブロックチェーンによって、よりDAppsやトークンを開発しやすくなったことで、この新しい資金調達法に注目が集まりました。2017年には世界中で約8000億円がICOによって調達されました。これが後押しとなり、多額の資金がブロックチェーン開発に流れ込むことになりました。

1-5-5 プライベート（コンソーシアム）チェーンの誕生（2015年〜2019年現在）

すでに触れた通り、パブリックチェーンの短所をカバーするために、プライベートチェーンやコンソーシアムチェーンが開発されるようになりました。

Linux Foundationが開発を主導しているHyperledgerやR3が開発しているCorda、テックビューロ社が開発しているmijinなどが続々とリリースされ、ビジネスの現場でも使いやすいブロックチェーン基盤が登場しています。

1.5.6 ブロックチェーンや周辺技術が多様化（現在〜）

2019年現在までに、ビットコインのブロックチェーンをベースにしたアルトコインから、プラットフォーム型ブロックチェーン、プライベートチェーンやコンソーシアムチェーンのリリースを経て、実に多種多様なブロックチェーンが登場しています。今後もより速く、よりスケーラブルなブロックチェーンを目指して、さまざまな技術が開発されていくとみられます。

1.6 増えるユースケース

2019年現在、ブロックチェーンの可能性を活かすべく、さまざまなプロジェクトが進められています。ブロックチェーンの可能性を捉えるために、代表的なものをいくつか見ていきましょう。

1.6.1 トレーサビリティの向上

ブロックチェーンの耐改ざん性や透明性の高さを活かした、トレーサビリティ（追跡可能性）を高めるためのプロジェクトが生まれています。食品や化石燃料、医薬品などが生産されてから、最終的な消費者に届くまでのすべてのプロセス（サプライチェーン）において不正が行われていないかどうかを確認できるシステムが世界各国で作られています。現代のサプライチェーンはグローバル化が進展しており、すべてを追跡することが難しくなっている中、この現状に風穴をあけることが期待されています。

1.6.2 分散型ゲーム

プラットフォーム型ブロックチェーンが誕生して、大きく数を増やしたDAppsのカテゴリの1つがゲームでした。従来のゲームとの大きな違いはゲームの世界観に経済圏を作れることで、育成したキャラクターや獲得したアイテム

を公正公平な透明性の高い環境下で売買することができます。また、少額の課金も可能になり、課金のあり方もより変わっていくと期待されています。

1-6-3 パラメトリック保険

保険は決められた保険料を支払い、病気や事故などのトラブルがあった際に支払いがされる仕組みですが、従来では、生活習慣や家庭環境などの影響を含めることが難しく、生活習慣や家庭環境によらず保険料が一律になってしまい不公平感がありました。ブロックチェーンを利用することで、個人の状況に合わせて柔軟に保険料を設定することができ、支払いもこれまで以上に迅速に行うことができます。

1-6-4 分散型SNS

2019年現在、さまざまなSNSが利用されていますが、ブロックチェーンを用いたSNSも開発されています。SNSを利用するためには、個人情報を登録しなければいけませんが、それらの管理や安全性に疑問が投げかけられることもよくありました。ブロックチェーンを利用すれば、個人情報の管理という面で安全性が高くなります。また、投稿や「いいね」などのアクションに報酬を設定することができ、インセンティブを用意することができるため、より活発なコミュニティを作ることができます。

1-6-5 IoTとの連携

IoT（モノのインターネット）が普及し始めていますが、ブロックチェーンが連動することでIoTのポテンシャルをより引き出せると期待されています。スマートコントラクトを利用して、IoT端末からの信号を受けると自動的に特定の処理を実行するようにすることで、人間が介在せずに機器の操作が可能になります。また、法定通貨よりも細かい金額（例えば0.01円のような金額）でも支払いができるようになるため、多くのビジネスモデルに影響を与えると期待されています。

1.7 ブロックチェーンを学ぶ意義

　ここまでブロックチェーンの概要や歴史について整理してきました。スマートコントラクトを利用したDAppsを開発する時には、ブロックチェーンの細かい技術までは理解しなくとも開発できそうな気がします。しかし、ウェブアプリケーションを開発する際に、ネットワークやサーバーなどインフラ面を理解しなくては適切な設計やメンテナンスができないのと同じように、ブロックチェーンを使ったアプリケーションを開発する際にブロックチェーン技術自体を理解しておくことは重要です。そして歴史を遡ればわかる通り、ブロックチェーン技術は元をたどればビットコインのブロックチェーンへ行き着きます。本書でビットコインのブロックチェーンを中心に扱い、ブロックチェーンの理解を深めるのはこれが理由です。

章末問題

問1

ブロックチェーンの構造について間違っている記述を1つ選びなさい。

1. ブロックチェーンはブロックを鎖状につないだ形状をしている。
2. ブロックチェーンのブロックの中には、「ブロックヘッダ」が含まれている。
3. ブロックチェーンにブロックをつなぐ作業はASICを持つ者しか参加できない。

問2

ブロックチェーンの型について正しいものを1つ選びなさい。

1. パブリックチェーンでは、ファイナリティがある。
2. コンソーシアムチェーンには、ファイナリティがある。
3. 多くのプライベートチェーンでは、ファイナリティ確保のためにPoWを採用している。

問3

ブロックチェーンの歴史に関する記述として正しいものを1つ選びなさい。

1. ビットコインのアイデアはサトシナカモトが提唱した。
2. プラットフォーム型ブロックチェーンはサトシナカモトが開発した。
3. すべてのアルトコインはビットコインから分裂して生まれている。

問4

知っているブロックチェーンを3つ挙げて、それぞれの主な特徴を整理しなさい。

問5

ブロックチェーンが利用できるユースケースを本書で紹介しているもの以外に1つ挙げなさい。

第2章 ブロックチェーンの構成技術

ブロックチェーン技術を構成する中核技術として「暗号技術」「P2Pネットワーク」「コンセンサスアルゴリズム」が挙げられます。これらの技術を、より詳しく読み解いていきましょう。

2.1 暗号技術

ブロックチェーンでは至る所でさまざまな暗号技術が使われています。ここでは特に重要な暗号学的ハッシュ関数や、公開鍵暗号方式、共通鍵暗号方式、楕円曲線暗号、電子署名について扱っていきます。

2.1.1 暗号学的ハッシュ関数

暗号学的ハッシュ関数は、入力された数値を一定の規則に則った数値に変換する関数です。この関数には大きく以下の4点の特徴があります。

1. 一方向にしか計算できず、逆算ができない（不可逆性）
2. 入力データが少しでも変われば、出力データが大きく変わる（機密性）
3. 入力データの長さを問わず、出力データは同じ長さのデータとなる（固定長）
4. 入力データから出力データを簡単に計算できる（処理速度）

これらの特徴を活かすことで、データの正しさを証明したり、データ容量を節約したりすることができます。

なお、ハッシュ関数でハッシュ値を計算することをハッシュ化と言いますが、ハッシュ化することを要約（ダイジェスト）と言うこともあります。これは、入力データに限らず同じデータサイズの出力値を返してくれるためです。また、指紋のように出力値が入力値と1対1の関係であるかを確認できる性質から、フィンガープリントと呼ぶこともあります。ハッシュ関数については、第3章でも詳しく扱います。

2.1.2 公開鍵暗号方式

暗号のプロセスでは暗号化と復号の2つの段階があります（ 図2.1 ）。

図2.1　暗号化と復号のプロセス

公開鍵暗号方式では、暗号化と復号でそれぞれ異なる鍵を使います。そこでは秘密鍵と公開鍵が利用されています。秘密鍵は自分だけが持っており他者に教えてはいけない鍵、公開鍵は広く公開している鍵とそれぞれ役割が異なっています（ 図2.2 ）。

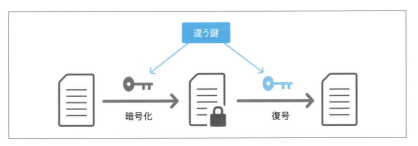

図2.2 公開鍵暗号方式

ここで、秘密鍵と公開鍵の重要な特徴として、公開鍵から秘密鍵が逆算されないことが挙げられます。そうでなければ、人に教えてはいけない秘密鍵の情報を、誰もが知っている公開鍵から特定されてしまい、暗号技術として成り立たなくなります。

ビットコインのブロックチェーンでは公開鍵暗号方式が採用されており、アドレスの生成や取引データのやり取りなど、さまざまな場面で利用されています。

共通鍵暗号方式

共通鍵暗号方式は公開鍵暗号方式とは異なり、同じ鍵を使って暗号化と復号を行います（ 図2.3 ）。共通鍵暗号方式は、暗号化と復号で同じ鍵を用いるため、鍵を安全に相手と共有する必要があります。また、共有する相手の数だけ鍵が必要なため、相手が増えれば増えるほど管理が煩雑になるデメリットがありました。このデメリットをクリアするために、すでに紹介した公開鍵暗号方式が開発されました。

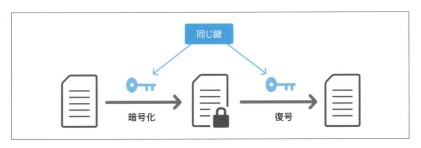

図2.3 共通鍵暗号方式

楕円曲線暗号

　楕円曲線暗号は1980年代半ばに提案された暗号方式で、楕円曲線という特殊な曲線を利用します。暗号アルゴリズムはコンピューターの処理性能の向上や攻撃手法の高度化によって日々脅威にさらされています。そのため、利便性を保ちつつ、高い安全性を維持する方法が常に検討されており、楕円曲線暗号は大きな注目を集めました。

　この暗号では、楕円曲線離散対数問題という数学上の問題を利用しています。詳細は高度な数学になるためここでは割愛しますが、与えられた情報から特定の情報が逆算しづらいという性質を持つ点が重要です。

　楕円曲線暗号はビットコインのブロックチェーンでも採用されており、秘密鍵から公開鍵を生成する際に利用されます。

2-1-3 電子署名

　電子署名は、データが確かに特定の作成者によって生成されたことを検証するための技術です。誰もがコンピューターを利用できる時代では、誰でもデータを複製したり改変したりできるため、特定の誰かが作成したことを証明する（署名する）ためには暗号技術が必要になります。

　デジタル署名の一例は 図2.4 に示すようになります。

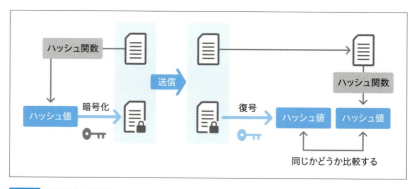

図2.4 電子署名の仕組み

　電子署名の手続きは以下のようになります。

1. 伝達したいデータを生成する。
2. ハッシュ関数を用いて、伝達したいデータをハッシュ化する。

3. ハッシュ値を暗号化する。
4. 伝達したいデータとハッシュ値の暗号データを含めて相手に送る。
5. 受け取った人は送信されてきたデータをハッシュ化してハッシュ値を求める。
6. 含まれていた暗号データを復号して得られたハッシュ値と、自分で求めたハッシュ値を比較して同じであることを確認する。

以上のプロセスを見ると、ハッシュ関数や公開鍵暗号方式がそれぞれ使いこなされていることがわかります。ビットコインのブロックチェーンでは送金データが確実に送金者により生成されたものかを証明するために利用されています。

2.2　P2Pネットワーク

ブロックチェーン技術はP2Pネットワークが前提となって成立している技術です。P2P技術を理解することはブロックチェーンのダイナミズムを理解する上で非常に重要になります。

2-2-1　P2Pネットワークとは

P2Pネットワークは、Peer（ピア）と呼ばれる対等な立場のコンピューター同士が相互にデータを融通し合って形成されるネットワークです（図2.5）。この時、P2Pネットワーク上のコンピューターを「**ノード**」と呼びます。

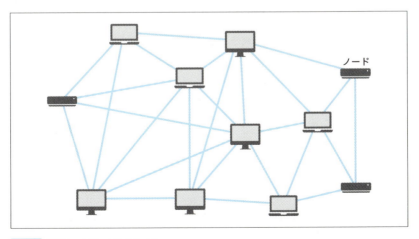

図2.5　P2Pネットワークのイメージ

P2Pの性質として、「システムがダウンしない」「ネットワーク分断耐性が強い」「データの一貫性を維持することが難しい」という点が挙げられます。

2.2.2 クライアント－サーバー方式との比較

P2P方式とは逆の発想として「**クライアント－サーバー方式**」というものがあります。これは、特定のサーバーを用意し、サービスを受けるすべてのコンピューターがそのサーバーにアクセスすることでデータの読み書きを行う方式です（図2.6）。

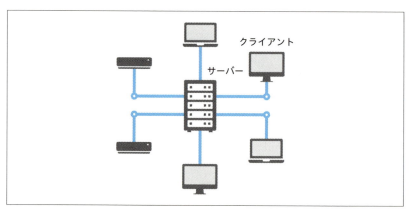

図2.6　クライアント－サーバー方式のイメージ

特定のサーバーがすべてのデータを担っているため、データの一貫性が保たれ、データのやり取りの反映も高速で行えます。しかし、サーバーが障害や攻撃によってダウンしてしまった場合、サービス自体が停止してしまうためサーバーのセキュリティや負荷分散には細心の注意が必要になります。また、ほぼすべてのデータを特定のサーバーが管理することになるため、データの一極集中が進んでしまうという点も指摘されています。

P2P方式では、クライアント－サーバー方式のように攻撃や障害によってサービスそのものが停止することがなく、データもノードによって管理されるため一極集中することもありません。

2.2.3 ブロックチェーンにおけるP2Pネットワーク

ブロックチェーン技術におけるP2Pネットワークを少し詳しく見ていきましょう（図2.7）。

世界中に分散している多くのコンピューターがブロックチェーンを保持しています。また、ビットコインの場合、世界中で1秒間に数十の取引データが生成されますが、それらのデータも絶え間なくネットワーク上を行き来しています。

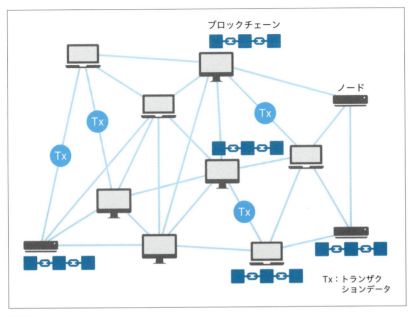

図2.7 ブロックチェーン技術におけるP2Pネットワーク

ブロックチェーンの取引データなどは、ノードからノードへバケツリレーのように伝達されネットワーク全体に行き渡ります。この時、ノード同士ではメッセージのやり取りが行われており、接続確認や伝達するデータの内容確認などのコミュニケーションが行われています。

2-2-4 フルノードとSPVノード

ブロックチェーンのP2Pネットワークを構成するノードには大きく「**フルノード**」と「**SPVノード**」の2つが存在します。

フルノードはブロックチェーンのすべてのデータを保持しているノードです。フルノードはこれまでのすべての取引データを含むあらゆるデータを持っているため、そのノードのみでブロックチェーン全体の整合性や取引の正しさを検証することが可能です。しかし、ブロックチェーン全体のデータは日に日に大きくなっており、2019年9月時点で約200GBになっているため、容量に余裕のあるコ

ンピューターでなければフルノードとなることが難しくなっているのが現状です。

　一方、SPVノードはブロックチェーンのブロックヘッダの情報のみを持っているノードです。足りない部分はフルノードに問い合わせることで補完します。データ容量をフルノードの約1000分の1のサイズに収めることができるため、一般的な端末でも扱いやすくなっています。

2.3　コンセンサスアルゴリズム

　P2Pネットワーク上でデータの正しさを決めるための手続きがコンセンサスアルゴリズムです。ブロックチェーンが成立するためには、コンセンサスアルゴリズムが欠かせません。

2 3 1 P2Pネットワーク上でただ1つの真実を決める

　P2Pネットワークはダウンせず、ネットワーク分断耐性が高いというメリットがありますが、ネットワーク上で共有されるデータの正しさを定めることができないというデメリットもありました。そのため、データの書き換えやネットワークへの攻撃などが行われることがあります。これらの点は、P2Pネットワーク上でのデジタル通貨を検討する際、**二重支払い問題**として表面化します。二重支払い問題とは、同じデジタル通貨を複数回送金できるよう不正を行う問題のことです。例えば、AさんからBさんへ2回以上送金したり、Bさんだけでなく別人のCさんにも送金したりする不正のことです。

　この不正を防ぐためには、P2Pネットワーク上のすべてのノードがただ1つの正しいデータを共有していく必要があります。また、不正をされた際にすぐに検出できるような仕組みも求められます。これらの点に対して初めて現実解を示したのが、サトシナカモトが提案したProof of Workでした。

2 3 2 Proof of Workとは

　Proof of Work（PoW）は、不特定多数のコンピューターによる演算を行いブロックチェーン全体の整合性を保つためのアルゴリズムです。具体的には、取引データを要約したデータやタイムスタンプなどのデータをひとまとめにします。そのデータに「**ナンス（Nonce）**」を加えて、ハッシュ関数に掛けてハッシュ

値を求めます。このハッシュ値が一定値（目標値）よりも小さな値になるまでナンスを変えて計算を行います。この計算を行うことを「**マイニング**」と言い、マイニングを行う主体を**マイナー**と言います。なお、ここでタイムスタンプやナンスをまとめたものがブロックヘッダになります。

図2.8 PoWのプロセス

　ナンス以外のデータは固定されているので、ナンスを少しずつ変えるだけになります。しかし、ハッシュ関数の性質から少し入力値が変化するだけでも、出力されるハッシュ値は大きく変動します。そのため、一定の値よりも小さくするためのナンスを推測することは基本的にできません。そのため、マイナーはナンスを総あたりで計算するしかなくなります。

　条件に合うナンスを見つけるとマイニング成功となり、成功したマイナーはマイニング報酬を受け取ることができます。ビットコインのマイニング報酬は、2019年9月時点で12.5BTC（約750万円）です。

2.3.3 Proof of Workのプロセス

PoWの大まかなプロセスは以下の通りです。

1. ネットワーク上を伝搬する取引データを受信して記録しておく。
2. 取引データをまとめてブロックを生成する。
3. ナンスを少しずつ変えながら大量のハッシュ計算を行う。
4. 条件に合うナンスを見つけた人が、ブロックを完成させて他のノードに報告する。
5. 他のノードはブロックの中身とナンス値が正しいかどうかを検証する。
6. ナンス値が正しければ、ブロックを完成させた人に報酬が支払われる。

2.3.4 ハッシュパワーと難易度調整

　ブロックチェーンのネットワーク上での計算能力のことをハッシュパワーと言います。ビットコインの場合、ハッシュパワーは年々大きくなっており、ネットワーク全体の計算能力は世界中のトップ50のスーパーコンピューターの計算能力を足したものを大きく超えています（ 図2.9 ）。それほどの計算を行うことで、ブロックチェーン全体の整合性が保たれています。

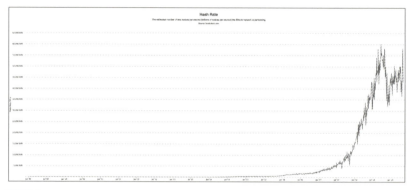

図2.9　ハッシュパワーの推移

URL　https://www.blockchain.com/charts/hash-rate?timespan=all

　また、マイニングでは**難易度（Difficulty）**が設定されています。これは、ハッシュパワーが大きくなることで極端にマイニングが速くなったり、逆に小さくなってマイニングが遅くなったりすることを防ぐために設けられています。PoWにおける難易度は、ナンスを含めたブロックヘッダをハッシュ化した値の小ささを指定しています。値が小さければ小さいほど条件が厳しくなるため、ハッシュ値の計算に手間がかかります。ビットコインの場合、マイニングは約10分に1回成功するように難易度が設定され、2016ブロックが生成されるごとに自動的に調整されます。なお、ハッシュパワーに合わせて難易度が調整されるため、ハッシュパワーと難易度の上昇度合いはとてもよく似ています（ 図2.10 ）。

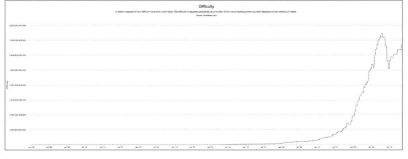

図 2.10 難易度（Difficulty）の推移

URL https://www.blockchain.com/charts/difficulty?timespan=all

2 3 5 Proof of Work のデメリット

　PoWは不特定多数のマシンによるハッシュ計算によってブロックチェーン全体の整合性を保ち、不正を防ぐようになっています。しかし、これには大きく2つの欠点があります。

　1つ目は、電力の過剰使用です。言わずもがなハッシュ計算を行うのはコンピューターなので、電力が必要となります。しかし、膨大な計算を行うため、それに応じた大量の電力を消費します。調査では、ビットコインのブロックチェーンではすでに、一国分に相当する電力が消費されていることが報告されています。これによる環境破壊や電力不足地域への供給難などといった課題が浮き彫りになっています。より多くの人々に利用されることを考えるならば、維持するためのエネルギーが持続可能でないことは大きな課題となります。

　2つ目は、ハッシュパワーの寡占化です。ハッシュパワーはネットワーク全体の計算能力のことでした。しかし、ハッシュ計算に特化したチップである「ASIC」の誕生やマイニングファームの台頭などにより、多くの計算資源が一部のマイナーに集中してしまう現象が起きています。分散型を標榜するパブリックチェーンにとっては、一部のマイナーに力が集中してしまうことは好ましくありません。また、これにより51％攻撃などの攻撃が理論上は可能になってしまう点も、ブロックチェーンの信頼性を揺るがしかねないと懸念されています。

📝 **MEMO**

51%攻撃

悪意のある個人や組織によって、ネットワーク全体の計算能力の51%（50%以上）を支配されることで、不正な取引を正当化されたり、正当な取引を拒否されたりする攻撃のことです。現時点で、有効な解決策はありません。

2 3 6 その他のコンセンサスアルゴリズム

PoWはP2Pネットワークにおける問題を解決しましたが、同時に電力の過剰使用やハッシュパワーの寡占化といった問題を生みました。このような弱点を克服するためにさまざまなコンセンサスアルゴリズムが開発されてきました。それぞれに長所短所があり、完璧なものはありませんが、ブロックチェーンの整合性を保ち、不正を防ぐという目的は共通しています（**表2.1**）。

表2.1 その他のコンセンサスアルゴリズム

	PoS	DPoS	PoI	XRP LCP
概要	コイン量に応じてPoWの成功確率を変動させる。	ノードによる投票で承認するノードを決定する。	コイン量や取引量などによって、評価する。	指定された機関によって承認する。
長所	・低コスト	・低コスト ・高速	・流動性を確保	・承認の高速化
短所	・流動性が低下 ・保有量が多い方が有利	・権限が集中する可能性	・一定量のコインが必要	・中央集権が進む可能性
例	ADA	EOS	NEM	Ripple

章・末・問・題

2.3

コンセンサスアルゴリズム

問1

ブロックチェーンにおける暗号技術に関する記述として正しいものを1つ選びなさい。

1. 公開鍵暗号方式では、公開鍵と呼ばれる鍵を用いて暗号化も復号も行う。
2. ハッシュ関数は入力値にかかわらず出力値のサイズが変わらない。
3. マイニングの際に電子署名が使われる。

問2

ブロックチェーンにおけるP2P技術に関する記述として正しいものを1つ選びなさい。

1. ネットワーク上では取引データを含むさまざまなデータが流通している。
2. ビットコインのネットワークに参加しているノードはすべてフルノードである。
3. ネットワーク上のデータは必ず特定のノードを経由して流通する。

問3

PoWに関する記述として間違っているものを1つ選びなさい。

1. PoWでは、マイニングに成功したマイナーにはマイニング報酬が支払われる。
2. PoWでは、保有しているコインの量に応じてマイニング成功率が変動する。
3. PoWでは、不特定多数のマイナーが条件に合うナンスを見つける作業を行う。

033

問4

EOSで採用されているコンセンサスアルゴリズムとして正しいものを1つ選び
なさい。

1. PoW
2. PoS
3. DPoS

問5

P2Pネットワークに参加しているそれぞれのコンピューターのことを指す用語
として正しいものを1つ選びなさい。

1. クライアント
2. ノード
3. サーバー

第2部

Pythonの基本

本書ではPythonを使ってプログラムを動かしていきます。本格的にブロックチェーンについて学ぶ前にPythonについて整理しておきましょう。

第3章　Pythonの概要と開発環境の準備

第4章　Pythonの基本文法

第5章　オブジェクト指向とクラス

第6章　モジュールとパッケージ

第 **3** 章 Python の概要と
開発環境の準備

本書ではPythonを用いてブロックチェーンやその関連技術につ
いて実際に手を動かして学びます。ここでは、Pythonの概要と開
発環境の構築を行っていきましょう。

3.1 なぜPythonなのか

　Pythonは1991年に登場した汎用性の高いプログラミング言語です。コードがシンプルなので可読性が高く、書き手と読み手の双方にとって負担の少ない言語となっています。そのため、Googleをはじめとする企業が積極的に採用しています。

　汎用性が高いため、さまざまなアプリケーションの開発から科学技術計算の分野まで使用されています。最近では、人工知能開発でも利用されることが多くなっています。このような背景もあり、2018年8月にはTIOBEという、検索エンジンをベースに作成される人気ランキングで第3位となっています。また、ソフトウェア開発プラットフォームのGitHubが発表したレポートによると、利用者ランキングでも第3位をマークしています。

　本書では、利用者が増加しており人気が高まっているプログラミング言語であるPythonを採用してより多くの方がブロックチェーンの仕組みを体験できるようにしています。

3-1-1 バージョンについて

　Pythonのバージョンには2系と3系の2つが存在しますが、バージョン2系は2020年にサポートが終わることが発表されています。本書では、バージョン3系の3.6を前提に進めていきます。

3.2 開発環境の構築

　Pythonを使った環境構築ではAnacondaという強力なツールを利用することができます。

3-2-1 Anaconda（アナコンダ）とは

　本書ではAnacondaというツールを使ってプログラムを実行します。Pythonは数多くのパッケージが配布されており、本書のようなブロックチェーン技術以外にも機械学習やデータ解析、ウェブアプリ開発などさまざまな場面で利用する

ことができます。しかし、汎用性の高さゆえに必要なパッケージのインストールが複雑になったり、仮想環境の構築を別途行う必要があったりする、といった煩雑さがありました。

AnacondaはPythonによる開発環境の構築を一気に行うことができるディストリビューションで、よく使われる多くのパッケージをセットで導入することができる優れものです。データ解析や機械学習などの分野でよく使われるツールではあるものの、仮想環境の構築も楽に行えるため、初心者にもお薦めのものです。

③-②-② Anacondaのインストールにあたっての留意点

Anacondaのインストールにあたって2点、留意しておくことがあります。1点目は、macOSを利用している方は、Anacondaをインストールする際、Homebrewと干渉する可能性があることです。通常使う分において問題は起きませんが、Homebrewをよく使う方やローカル環境を"汚染"させたくない方は、Pythonのバージョン管理ツールであるpyenvを用いたAnacondaのインストールを試みてください。pyenvを用いることで多少、干渉のリスクを抑えることができます。

2点目として、Anacondaではパッケージを管理するツールとしてcondaという独自のツールが導入されています。condaはpipと同じくパッケージのインストールやアンインストールなどを行うためのツールですが、容量を節約するために独自の方式を用いており、両者に互換性がありません。そのため、pipとcondaの両方をランダムに使ってパッケージをインストールした場合、パッケージ間で衝突が起きることがあります。このリスクを多少なりとも緩和するためには、pipかcondaの片方しか用いないようにする工夫が必要です。ここではすべてpipでインストールしているため、condaを使いたい場合は仮想環境を分けるといった措置を講じてください。

③-②-③ Anacondaのインストール方法

インストール方法はいたって単純で、以下の手順で行います。手順はmacOS、Windows、Linux共に同じです。

1. Anaconda installer archiveのサイトへアクセス
2. Anaconda3-2019.03のバージョンをダウンロード

3-2-4 インストール手順を進める

　以下のURLからAnaconda installer archiveのサイトへアクセスして、使用しているOS名の付いたAnaconda3-2019.03のバージョンのインストーラーをダウンロードしましょう。

- Anaconda installer archive
  URL https://repo.continuum.io/archive/

　本書ではPythonのバージョンを3.6に固定しています。ダウンロードが済んだら、他のソフトウェアと同じようにインストールの手順を踏んでいきましょう。

3-2-5 Anacondaで仮想環境を作成する

　インストールできたら、開発環境を作ります。Anaconda Navigatorを起動して左にある「Environments」をクリックします（ 図3.1 ）。

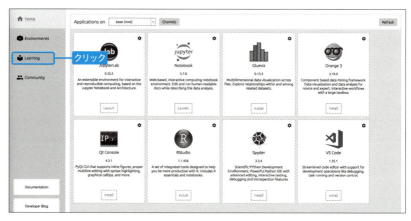

図3.1 「Environments」をクリック

　新しい仮想環境を作るので、「Create」をクリックします（ 図3.2 ）。

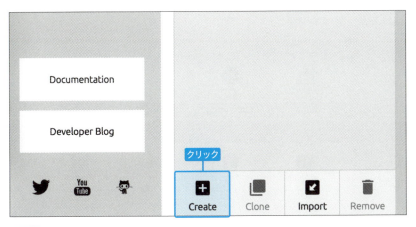

図3.2 「Create」をクリック

　すると、環境の名前とPythonのバージョンなどを尋ねられるので、好きな名前（ここでは「blockchain」）を設定し（**図3.3** ❶）、Pythonのバージョンは3.6を指定しましょう❷。「Create」をクリックして❸、しばらくすると仮想環境が立ち上がります。

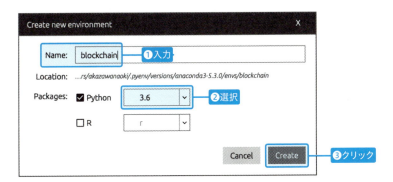

図3.3 仮想環境を作成

　次に、Pythonのプログラミングに便利なJupyter Notebookを起動しましょう。まず、左カラムにある「Home」をクリックしてHome画面に戻ります（**図3.4** ❶）。すると、先ほど作成した仮想環境が選択された状態になっているはずです❷。

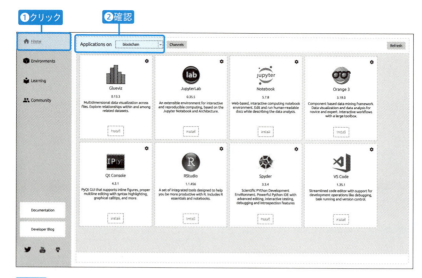

図3.4 仮想環境を確認

もし異なる場合は、Applications onの部分にあるドロップダウンリストから作成した仮想環境名を選択します（ 図3.5 ）。

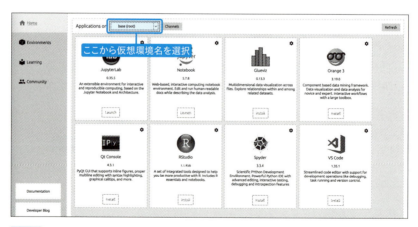

図3.5 ドロップダウンリスト

その後、Jupyter Notebookの「Install」をクリックして（ 図3.6 ）、インストールを開始します。完了すると表示が「Launch」に変わり、クリックするとブラウザ上で起動します。起動した後は、PCのディレクトリが選択できるようになっているので、お好みのフォルダに移動します。

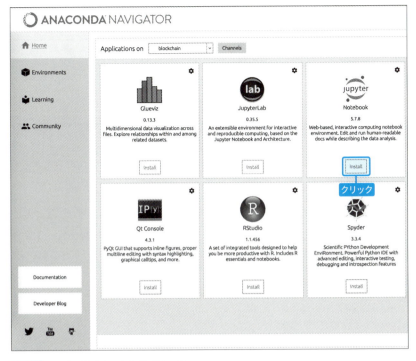

図3.6 Jupyter Notebookのインストール

新しいファイルを作成する場合は、右上にあるドロップダウンリストから「New」を選択して（ 図3.7 ❶ ）、「Python 3」を選択します❷。

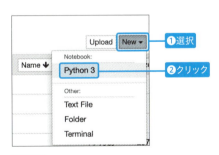

図3.7 新しいファイルの作成

すると、 図3.8 のような画面となりプログラミングが可能になります。セルにコードを打ち込み、[Shift] + [Return (Enter)] キーでコードを実行することができます。実行結果を逐次確認しつつ、プログラミングを行うことができるため、エラーの発生箇所も比較的すばやく発見できます。ファイル名は「Untitled」

の箇所をクリックすれば編集が可能です。

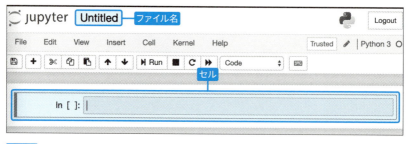

図3.8　セルのイメージ

　ファイルを保存したい場合は、左上のフロッピーディスクのアイコンをクリックします。また、「File」をクリックして（図3.9 ❶）、「Close and Halt」を選択すると❷、ファイルを保存して終了します。

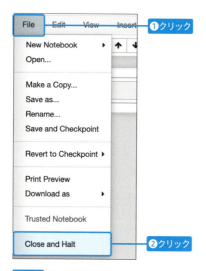

図3.9　ファイルの閉じ方

　本書ではいくつかのライブラリを追加して説明をする章があります。事前にインストール方法を紹介します。
　ライブラリのインストールは、ターミナルから行う方法とセル上で行う方法があります。

1. ターミナルでライブラリを追加する方法

作成した仮想環境を選択し、「▶」をクリックして（図3.10 ❶）、「Open Terminal」を選択します❷。ターミナルが起動しますので❸、以下のように **pip** コマンドでパッケージのインストールを実行します。

● [ターミナル]

```
$ pip install パッケージ名
```

図3.10　ターミナルでライブラリを追加

2. セル上でライブラリを追加する方法

Jupyter Notebookのセル上でパッケージをインストールする場合は、以下のように、**!**（エクスクラメーションマーク）を先頭に付け、**pip** コマンドでパッケージのインストールを実行します。

```
!pip install パッケージ名
```

章・末・問・題

問1

Pythonについての説明として正しいものを1つ選びなさい。

1. Pythonは2000年代に開発された新しい言語である。
2. Pythonには2系と3系があり、どちらも今後発展が見込まれている。
3. Pythonは汎用性の高いプログラミング言語である。

問2

Anacondaについて間違っているものを1つ選びなさい。

1. AnacondaはPythonによる開発環境の構築を一気に行うことができるディストリビューションである。
2. AnacondaはLinuxとmacOSでしか動作しない。
3. Anacondaでは仮想環境を作成することができる。

第**4**章 Python の基本文法

ここでは Python の基本文法を確認していきます。本書で扱う
ソースコードを理解できる範囲で整理していきましょう。

4.1 演算

Pythonでは、四則演算を簡単に実行できます。基本的な演算の記号は 表4.1 のようになります。

表4.1 基本的な演算の記号

演算	記号	例	例の結果
足し算	+	2+3	5
引き算	−	5−2	3
掛け算	*	2*3	6
割り算	/	6/2	3
余り	%	7%3	1
累乗	**	2**3	8

4.2 ビット演算子

ビット演算子はビット演算を行う際に利用される演算子であり、ひとまとまりのビットに対して特定の操作を行う演算のことです。ビットとは0か1の二進法（Digital）で表現される量のことであり、コンピューターサイエンスでは最も基本となる単位です。なお、8ビットで1バイトとなります。また、半角文字の1文字は1文字で4ビットとなり、2文字で8ビット（1バイト）となります。Pythonでは通常の数値の出力は10進数ですが、2進数に変換したい場合はbinを利用します。

代表的なビット演算子は 表4.2 のようになります。

表4.2 ビット演算子の例

演算子	内容	説明
|	ビット単位の論理和	左辺と右辺の同じ位置にあるビットを比較して、少なくともビットのどちらかが1の場合に1にする
^	ビット単位の排他的論理和	左辺と右辺の同じ位置にあるビットを比較して、どちらか1つだけ1の場合に1にする

（続き）

演算子	内容	説明
&	ビット単位の論理積	左辺と右辺の同じ位置にあるビットを比較して、両方のビットが1の場合に1にする
x << n	xのnビット左にシフト	左辺の値を右辺の値だけ左へシフトする
x >> n	xのnビット右にシフト	左辺の値を右辺の値だけ右へシフトする
~	xのビット反転	右辺の値のビットを反転します。ビットが1なら0、ビットが0なら1にする

　本書で登場するビット論理和、ビット論理積、左右へのシフトを確認してみましょう。まず、ビット論理和は リスト4.1 のように演算されます。

リスト4.1 ビット論理和の演算

In
```python
print(bin(10))
print(bin(13))
print(bin(10|13))
```

Out
```
0b1010
0b1101
0b1111
```

　上から順に10進数の**10**と**13**を2進数で出力しています。出力値の一番下はビット論理和で算出された結果です。よく見ると、2つの2進数でどちらかが1の場合に**1**となっています。なお、出力値の一番下の2進数は10進数に変換すると**15**になります。
　また、ビット論理積の場合は、 リスト4.2 のようになります。

リスト4.2 ビット論理積の演算

In
```python
print(bin(10))
print(bin(13))
print(bin(10&13))
```

Out
```
0b1010
0b1101
0b1000
```

リスト4.2 の結果を見ると、両方が **1** の場合のみ **1** となっています。なお、出力値の一番下の2進数は **8** になります。

また、左にシフトする演算は リスト4.3 を実行します。これは、**15** を2進数に変換した **0b1111** をシフトしています。

リスト4.3 　左に指定したビットだけシフトさせる演算

```
print(bin(15))
print(bin(15<<0))
print(bin(15<<1))
print(bin(15<<2))
print(bin(15<<3))
print(bin(15<<4))
```

Out
```
0b1111
0b1111
0b11110
0b111100
0b1111000
0b11110000
```

結果を見るとわかる通り、右側に **0** が付いています。これは、左にシフトしているため開いた部分を **0** で埋めているからです。

また、右にずらすコードは リスト4.4 です。

リスト4.4 　右に指定したビットだけシフトさせる演算

```
print(bin(15))
print(bin(15>>1))
print(bin(15>>2))
print(bin(15>>3))
print(bin(15>>4))
print(bin(15>>5))
```

Out
```
0b1111
0b111
0b11
0b1
0b0
```

今回は右にずらしている分桁数が減っています。シフトした結果右からはみ出た分は削除されます。またこれ以上ずらすことができなくなると **0** になり変わることがなくなります。

ビット演算は慣れるまでは扱いづらいと感じるかもしれませんが、本書の後半部分で若干登場するので、確認しておきましょう。

4.3 変数

アルファベットや数字などを使って変数を設定できます。変数にはさまざまなデータ型の値を格納でき、自由に計算や処理を行うことができます。変数名にはアルファベットや数字、アンダーバー（_）が利用でき、大文字と小文字は区別されます。変数名は、第三者が読んでもわかりやすい名前を付けることが重要です。 リスト4.5 の例では、**apple** と **banana** が出力されます。

リスト4.5 変数の利用例

In
```
a = "apple "
b = "banana "
print(a)
print(b)
```

Out
```
apple
banana
```

4.4 関数

関数は頻繁に利用される重要な機能です。基本的なポイントを押さえて使いこなせるようにしましょう。

4 4 1 関数

関数とは特定の処理に名前を付けて、呼び出せるようにしたものです。関数を定義するには**def**を用いて記述します。また、**return**を使って返り値を指定できます。基本的な関数の定義方法の一例は、 リスト4.6 の通りです。1行目の**：**（コロン）や2行目以降のインデントを忘れないように気を付けましょう。

リスト4.6 三角形の面積を求める関数

In
```python
def area_triangle(x, h):
    ans = (x*h)/2
    return ans


print(area_triangle(2,3))
```

Out
```
3.0
```

リスト4.6 のプログラムでは、三角形の面積を求める関数を定義しています。**x**を底辺、**h**を高さとする引数として、それらを掛け合わせたものを2で割ることで面積を求めます。計算結果は**ans**に格納され、関数の返り値として**ans**を返すようにしています。**print(area_triangle(2,3))**では、引数として**x**（底辺）を**2**、**h**（高さ）を**3**とする三角形の面積を計算して**print**文で出力しています。

4.4.2 変数のスコープ

　Pythonの変数には**グローバルスコープ**と**ローカルスコープ**の2種類があります（ 図4.1 ）。スコープとは、変数にアクセスできる範囲のことを指しています。グローバルスコープは、ファイルのあらゆる場所からアクセスできる変数のことです。逆にローカルスコープは、その関数内のみからアクセスできる変数のことです。それぞれの変数をグローバル変数、ローカル変数と呼びます。特定の関数内からはグローバル変数や同じ関数内で設定された変数にアクセスすることはできますが、違う関数で設定された変数にアクセスすることはできません。意図しない変数の変更を避けるため、基本的にローカルスコープを意識してプログラミングをすることが推奨されています。

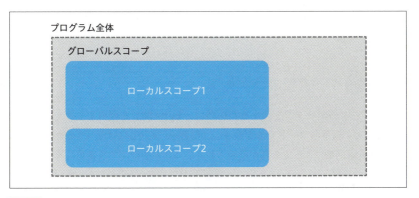

図4.1　関数のスコープ

4.5　データ型

4.5.1 主なデータ型

　Pythonでは、文字列や整数などさまざまなデータを扱うことができます。扱うことのできるデータの種類をデータ型と言い、Pythonで扱える主要なものは 表4.3 の通りです。

表4.3 代表的なデータ型一覧

型	意味	表記法	例
int型	整数	そのまま	a=1
float型	実数	そのまま	a=1.1
str型	文字列	' 'もしくは" "で囲む	a="blockchain"
bool型	真偽	TrueかFalse	TrueかFalse
list型	配列	[]	A=[1,2,3]
dict型	辞書	{}	A={}

　プログラミングをする中で上記のデータ型を意識することは、エラーを防いだり、わかりやすいコードを書いたりする上で重要になります。本書でブロックチェーンを開発する際に特に重要になるデータ型が**list（配列）型**と**dict（辞書）型**です。

④ ⑤ ② データ型の確かめ方

　あるデータのデータ型を確かめたい時は、**type**関数を利用すると、知ることができます。以下のコードでは変数**a**には整数を、変数**b**には配列を格納しているので、**type**関数によってそれが反映されていることを確認できます（ リスト4.7 ）。

リスト4.7 **type**関数の利用例

In
```
a=1
b=[1,2,3]

print(type(a))
print(type(b))
```

Out
```
<class 'int'>
<class 'list'>
```

4.6 リスト（配列）

4.6.1 リスト

　リストを使うと複数のデータを扱うことができます。格納されているデータ1つひとつのことを要素と呼びます。リストを利用するためには、**[　]**（角括弧もしくは大括弧）を利用します。例えば、**変数名=[1, 2, 3, 4, 5]** のように利用します。配列の要素には、文字列を入れることも、配列を格納することもできます。

4.6.2 インデックス

　リストには複数のデータを格納できますが、インデックスを利用することで格納したデータのうち特定の要素のみを扱うことができます。インデックスは配列の最初の要素から0、1、2、・・・と順番に指定されます。最後の要素から数える場合は-1、-2、-3のように数えます（ 図4.2 ）。

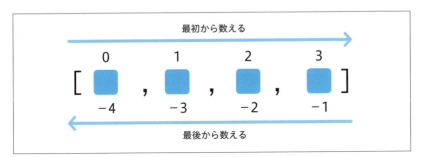

図4.2 配列のインデックス

4.6.3 配列の扱い

　配列に要素を追加していくには、**append** メソッドを利用します。以下のように、配列に **.append()** をつなげることで、配列の後ろに任意の要素を追加できます。 リスト4.8 の例の場合、**[10, 20, 30, 40]** という配列が出力されます。

リスト4.8 **append**メソッドの利用例

```
In    list2 = [10, 20 ,30]
      list2.append(40)
      print(list2)
```

```
Out   [10, 20, 30, 40]
```

配列の任意のインデックスに要素を追加したい時は、**insert**メソッドを利用します。以下のプログラムのように**insert(引数A、引数B)**と記述することで任意のインデックスに任意の要素を追加できます。引数Aではインデックスを指定して、引数Bには追加する要素を記載します（**リスト4.9**）。

リスト4.9 **insert**メソッドの利用例

```
In    list3 = [1, 2, 3, 4, 5]
      list3.insert(3, 10)
      print(list3)
```

```
Out   [1, 2, 3, 10, 4, 5]
```

len関数を使うと、配列の長さが返ってきます。配列の長さは要素の個数と同じ意味なので配列が何個の要素を持っているのかを知りたい時に利用できます（**リスト4.10**）。

リスト4.10 **len**関数の利用例

```
In    list4 = [1, 2, 3, 4, 5]
      print(len(list4))
```

```
Out   5
```

4.7　辞書

4 7 1　辞書型

辞書型とは**key**（キー）と**value**（バリュー）をセットにして扱えるデータ型です。**key**によって**value**が紐づけられているため、対応関係のあるデータを扱う際によく利用されます。辞書型を利用するためには、**{ }**を利用し、基本は**{key1 : value1, key2 : value2, ・・・}**で表記します。

4 7 2　要素の扱い方

辞書型のデータに要素を書き込むには リスト4.11 のように記述します。

リスト4.11　辞書型の利用例

```
In
dic1 = {"A" : 1, "B" : 2}
dic2 = {}
dic2["key"] = "value"

print(dic1)
print(dic2)
```

```
Out
{'A': 1, 'B': 2}
{'key': 'value'}
```

valueには、 リスト4.12 のようにリストを入れることができます。

リスト4.12　**value**に配列を格納する利用例

```
In
dic = {}
dic["key"] = ["value1", "value2"]
print(dic)
```

Out
```
{'key': ['value1', 'value2']}
```

辞書に格納されている **value** を取り出すには、リスト4.13 のように **key** を指定することで任意の **value** を取り出すことができます。

リスト4.13 **key** を利用した **value** の取り出し

In
```
dic = {"A": "cat", "B": "dog"}
print(dic["B"])
```

Out
```
dog
```

また、**value** は **key** を指定して変更することができます。ただし、**value** を指定して **key** を変更することはできません（リスト4.14）。

リスト4.14 **key** を利用した **value** の変更

In
```
dic = {"A" : "cat"}
dic["A"] = "dog"
print(dic)
```

Out
```
{'A': 'dog'}
```

4.8 JSON

JSONはJavaScript Object Notationの略で、多くのプログラミング言語で利用できる軽量のデータ形式です。**key** と **value** の組み合わせでデータを格納し、**value** には文字列や数値、配列などさまざまな型のデータを格納できます。

Pythonの辞書とよく似た形式をしていますが、JSONデータは通信によるデータのやり取りのような場面でよく利用されます。外部からデータをリクエストしてそのレスポンスがJSON形式で返ってくる場合がよくあります。具体的なJSONデータはリスト4.15 のような表記になります。変数名は **" "**（ダブルクォーテーション）で囲み、複数行で記述する際はインデントを忘れないように注意が

必要です。

リスト4.15 JSONデータ

```
{
  "age": 30,
  "name": "satoshi",
  "class": ["math", "science", "english"]
}
```

4.9 制御文 (if文、for文、while文)

if文やfor文などは複雑な処理を記述する際に必須の構文です。本書で作るブロックチェーンでも随所に登場します。

4.9.1 比較演算子

制御文を扱う際に比較演算子がよく利用されます。比較演算子は値と値を比較してbool（真偽）値として返します。主な比較演算子は **表4.4** の通りです。

表4.4 主な比較演算子の一覧

比較演算子	意味
a == b	aとbが同じ値
a > b	aがbより大きい
a >= b	aがb以上
a < b	aがbより小さい
a <= b	aがb以下
a != b	aとbが異なる

4·9·2 if文

　if文は条件によって処理を分岐させるための構文です。if文は リスト4.16 のように記述することで利用できます。このプログラムでは、**x** に代入された数値が3以上であれば**条件クリア！**と表示されます。

リスト4.16 if文の基本構文

```
In
x = 5
if x >= 3:
    print("条件クリア！")
```

```
Out
条件クリア！
```

　if文では**else**を使ってより緻密な条件分岐を行うことができます。 リスト4.17 のプログラムでは、**x** に代入した数値が**3**以上か**3**未満かで分岐をしており、2つの条件に応じた出力をしています。

リスト4.17 **else**を使った分岐

```
In
x = 2
if x >= 3:
    print("条件クリア！")
else:
    print("条件を満たしていません")
```

```
Out
条件を満たしていません
```

　加えて、**elif**を使うことで条件や処理が多くなっても、記述することができます（ リスト4.18 ）。Pythonではインデントで構造を記述し、**else:**の後ろはインデントを一段深くする必要があるため読みやすさを向上するために、**elif**が生まれました。なお、 リスト4.18 の最後の**else**は**elif**でも大丈夫です。

リスト4.18 elifを使った分岐

In
```
x=13
if x >= 20:
    print("A評価です。")
elif 19 >= x >=15:
    print("B評価です。")
elif 14 >= x >=10:
    print("C評価です。")
else:
    print("D評価です。")
```

Out
```
C評価です。
```

4·9·3 for文

for文は特定の演算を繰り返して実行する際に利用されます。 リスト4.19 のように記述することで連続して処理を行うことができます。 リスト4.19 の例では**dog**、**cat**、**bird**、**sheep**の順に縦に出力されます。

リスト4.19 for文の基本構文

In
```
words_list = ["dog","cat","bird","sheep"]
for w in words_list:
    print (w)
```

Out
```
dog
cat
bird
sheep
```

for文では**range**関数をよく利用します。これは**range**関数に値を1つ渡すと、**0**から「**値 − 1**」までの値が格納されたリストが生成され、合計して値の数だけの要素が作成されます。**range**関数を使うことで、繰り返し処理の回数を簡

単に指定できるためよく使われます。 リスト4.20 の例では、縦に **0** から **4** まで出力されます。

リスト4.20 **range**関数を使ったfor構文

In
```
for num in range(5):
    print(num)
```

Out
```
0
1
2
3
4
```

4.9.4 while文

while文は一定の条件を満たしている間は連続して処理を行う構文です。 リスト4.21 のように記述すると処理を行うことができます。 リスト4.21 のプログラムでは、**5**よりも小さい場合に数値を表示するようになっており、**5**より小さい状態では**i**の値が1ずつ増えていくようになっています。

リスト4.21 while文の基本構文の例

In
```
i = 0
print("start!")
while i < 5:
    print(i)
    i += 1
print("finish!")
```

Out

```
start!
0
1
2
3
4
finish!
```

章末問題

問1

Pythonに関する記述として正しいものを1つ選びなさい。

1. Pythonは統計計算に特化した言語のため、人工知能開発に多用される。
2. Pythonのバージョンには2系と3系があり、相互に互換性がある。
3. Pythonの変数にはグローバルスコープとローカルスコープの2つがある。

問2

リストを表現する記述として正しいものを1つ選びなさい。

1. **()**
2. **[]**
3. **{}**

問3

リスト型と辞書型の記述について正しいものを1つ選びなさい。

1. リスト型は、**key**と**value**の組み合わせから成り立っている。
2. 辞書型ではリストを**value**として格納できる。
3. リストは格納されているデータを後から編集できない。

問4

for文を使ってリスト内の要素を1行ずつ出力するプログラムを書きなさい。なお、リストは以下のものを利用してください。

```
l = [Gold, Silver, Bronze]
```

問5

while文を利用して、**satoshi**という文字列を3回出力するプログラムを書きなさい。

第5章 オブジェクト指向とクラス

Pythonでは関数やクラスを使いこなすことで高度なプログラムを
作ることができます。本書で開発するブロックチェーンでも多用す
るので、整理しておきましょう。

5.1 オブジェクト指向

プログラミング言語には設計思想（パラダイム）が存在します。Pythonはオブジェクト指向と呼ばれるパラダイムの下、開発が進められています。

5-1-1 オブジェクト指向とは

オブジェクト指向の言語では、オブジェクトという概念を軸にわかりやすいプログラムを実現することを目指しています。オブジェクトとはモノという意味で、システムにおける1つの構成単位を指します。オブジェクト指向を採用しているプログラミング言語では、「オブジェクト自体」と「オブジェクト間の関係性」を定義し組み立てていくことで、システム全体を作っていきます。

5-1-2 オブジェクト指向のメリット

オブジェクト指向プログラミングは、コードの再利用を簡単にし、システムの開発や保守にかかる時間を短縮できるという利点があります。ただし同時に、プログラムを書く前の計画や設計が非常に重要です。

本書では、Pythonでブロックチェーンを構築しますが、Pythonがオブジェクト指向言語であるため、自分でさまざまな機能をパズルのように実装することが比較的、容易です。技術的な進歩の激しいブロックチェーン技術ですが、Pythonを利用すれば自分で動かしつつ理解を深めることができ、素早いキャッチアップも可能になります。

5.2 クラス

オブジェクト指向をサポートしているPythonではクラスという概念が非常に重要です。本書でも頻出のため、概念と記述方法を合わせて押さえておきましょう。

5-2-1 クラス

Pythonではクラスを作成することができます。クラスはclass文を用いて定義

します。なお、クラス名は最初の字を大文字にすることが慣例となっており、複数の単語がある場合は**MyDog**のように単語の頭を大文字にします。また、メソッドと呼ばれる処理を定義できます。メソッドはクラス内で記述され、クラスから生成されたオブジェクトからのみ呼び出せます。後述するインスタンスが生成される時に自動的に呼び出されるメソッドのことはコンストラクタと言い、**__init__（self, 引数1, 引数2, …）** で定義されます。 リスト5.1 は非常に簡単な例ですが、挨拶文を作る**Greet**クラスの定義です。

リスト5.1 クラスの定義

In
```
class Greet():
    def __init__(self, greet):
        self.value = greet
```

5-2-2 インスタンス

クラスから生成されたオブジェクトをインスタンスと言います。 リスト5.1 のプログラムより2つのインスタンスを生成したのが リスト5.2 のプログラムです。

リスト5.2 インスタンスの生成

In
```
morning = Greet("おはよう！")
evening = Greet("こんばんは！")
```

リスト5.3 のプログラムでは、インスタンス化された**morning**と**evening**でそれぞれの挨拶文をprint文で出力するようにしています。

リスト5.3 メソッドの呼び出し

In
```
print(morning.value)
print(evening.value)
```

Out
```
おはよう！
こんばんは！
```

5.3 特殊メソッド

Pythonのクラスでは特殊メソッドを利用することができます。オブジェクトの振る舞いを変更したり、クラスの性質にあった動きをさせたりするために、2つのアンダーバーで挟んだメソッドを利用できます。

5-3-1 初期化する特殊メソッド

すでに紹介しているコンストラクタのことです。**__init__ (self, 引数1, 引数2, …)** と記述することで、クラス内における初期条件を定義できます。この特殊メソッドは本書でも度々登場するのでよく確認しておきましょう。

5-3-2 文字列型へ変換する特殊メソッド

__str__メソッドを使うことで、**print**関数とほぼ同じように文字列の出力を得るための実装を行うことができます。自動的に文字列出力ができるようになるため、デバッグやログ出力に便利です。**__str__(self):**として、ほしい出力結果を**return**の後ろに定義できます。具体的な実装は リスト5.4 の通りです。**__str__**は文字列を出力するため、**self.age**の部分では文字列に変換する**str**関数を利用しています。

リスト5.4 メソッドの呼び出し

```
class Person():
    def __init__(self, name, age):
        self.name = name
        self.age = age

    def __str__(self):
        return "Name:" + self.name + ", Age:" + str(➡
self.age)

satoshi = Person("satoshi", 30)
print(satoshi)
```

| Out | `Name:satoshi, Age:30` |

　この実装では、**`__str__`**メソッドで文字列として出力するものを定義しています。**`satoshi`**では、**`Person`**クラスをインスタンス化しています。**`Person`**クラスのインスタンスである**`satoshi`**をprint文で実行すると、**`__str__`**メソッドで定義した内容が出力されます。

5·3·3 オブジェクトを辞書型のように扱う特殊メソッド

　`__setitem__`メソッドを使うと、オブジェクトを辞書のキーにアクセスするように扱うことができます。クラスをインスタンス化してオブジェクトとして扱う際、そのオブジェクトの属性を簡単に抜き出したい時に利用します。**`__getitem__`**メソッドと組み合わせて使われる場合もあり、オブジェクトの属性の上書きや追加などが頻繁に行われる際に利用されます。

章末問題

問1

オブジェクト指向についての記述について正しいものを1つ選びなさい。

1. オブジェクト指向は、すべてのプログラミング言語で採用されているパラダイムである。
2. オブジェクト指向は、オブジェクトという概念を軸に作られている。
3. オブジェクト指向を採用しているプログラミング言語はPythonのみである。

問2

クラスについての記述について正しいものを1つ選びなさい。

1. クラスは、主に変数とインスタンスから構成されている。
2. クラスから生成されたオブジェクトをメソッドと言う。
3. クラス内の変数などを初期化するメソッドは**`__init__`**である。

問3

文字列変換の特殊メソッドとして正しいものを1つ選びなさい。

1. `__init__`
2. `__str__`
3. `__add__`
4. `__mul__`

問4

Python以外にオブジェクト指向でプログラミングできるプログラミング言語を3つ、調査して列挙しなさい。

問5

オブジェクト指向以外のパラダイムを2つ、調査して列挙しなさい。

第**6**章 モジュールと
パッケージ

Pythonでは別のプログラムから機能を再利用することができます。この仕組みを学ぶことで、ブロックを組み立てるように効率的かつ自由にプログラムを作ることができます。

6.1 モジュールとパッケージ

Pythonではプログラムを分割して細かいパーツに分けることができます。長いプログラムを分割することで、可読性を高めたり、効率的な開発ができたりするようになります。

6.1.1 モジュール

大きなファイルを複数に分割し、別々のファイルにまとめることがよくあります。このプログラムのファイル1つひとつのことをモジュールと言います（ 図6.1 ）。基本的にモジュールは.pyという拡張子が付いたファイルとして管理されており、異なるモジュールから呼び出して利用することができます。

Pythonでは、よく利用される便利なモジュールは標準モジュールとしてあらかじめ用意されており、特別な手続きがなくとも利用できます。

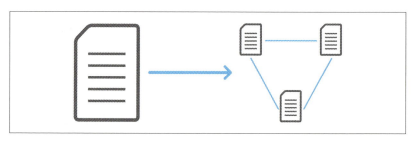

図6.1　モジュールのイメージ

6.1.2 パッケージ

パッケージは、第三者が利用できるよう、配布用としてひとまとめに梱包されたソフトウェアのことです。モジュールに該当する「プログラムファイル」、ソフトウェア名や依存関係をまとめた「メタデータ」が含まれています。

便利な機能を実装したモジュールをパッケージとして梱包して配布することで、別の誰かがそれを利用して効率的に開発を行うことができます。

6 1 3 pip

Pythonではpipというパッケージ管理ツールが用意されています。本書で採用しているPythonのバージョンであれば同時にインストールされているので、特別な手続きなしでpipを利用することが可能です。pipを利用すれば、第三者が作成したパッケージをインストールすることができ、自分が作らなくても便利なモジュールを利用できます。パッケージはパッケージ管理ツールを用いて管理しますが、パッケージをインストールする際には、依存関係に則った他のパッケージまで含めてインストールされます。インストールできるパッケージはすべてPyPI（ URL https://pypi.org）に登録されているので、詳細を確認することができます。

インストールを行うには、**pip install パッケージ名**というコマンドを実行します。特に指定をせずにインストールを行えば、最新バージョンがインストールされます。以下の例では、この後利用する数値計算に強いNumPyというパッケージをインストールしています。

● [ターミナル]

```
$ pip install numpy
```

ただし、開発を行っていると依存関係から特定のバージョンをインストールしたい時があります。その時は、**==**でバージョンを指定することで希望のバージョンをインストールすることができます。

● [ターミナル]

```
$ pip install numpy==1.16.4
```

なお、**freeze**コマンドを利用するとインストール済みのパッケージとそのバージョンを確認することができます。

● [ターミナル]

```
$ pip freeze
```

6.2 import文

他のモジュールを呼び出すには、import文を利用します。

6.2.1 import文の使い方

モジュールやパッケージを別のファイルから利用する時はimport文を使って、**import numpy**のように記述して呼び出します。これは標準モジュールでも、pipでインストールしたパッケージでも同じことです。

import文は、**as**を使うことで利用するパッケージ名を短縮することができます。リスト6.1 のコードでは円の面積を求める関数を定義していますが、数値計算の際に多用されるNumPyというパッケージをインストールして、**import**を使って呼び出しています。**numpy**とすると長いので、**as**を使って**np**と省略しています。なお、このプログラムでは半径2の円の面積を求めており、出力値は**12.566370614359172**となります。

リスト6.1 NumPyを使った円の面積を求める関数

In
```python
import numpy as np


def area_circle(r):
    ans = np.pi * r **2
    return ans
print(area_circle(2))
```

Out
```
12.566370614359172
```

fromを使うことで、コードを省略することが可能です。以下のように**from**でモジュール名を指定し、**import**でクラス名や関数名などを指定します。なお、**math**はPythonの標準モジュールで数学関数へのアクセスを提供します。また、**gcd**は最大公約数を返す関数です。リスト6.2 のコードでは**12**が返ってきます。

リスト6.2 `from`と`import`の使い方例

```
In    from math import gcd

      print(gcd(24, 36))
```

```
Out   12
```


6 2 2 import文の注意点

import文はプログラムの上部に記載することが通例となっており、基本的に
パッケージごとに行を変えて記載します。

なお、import文は＊（アスタリスク）を使うとすべての機能を呼び出すことが
できます（ **リスト6.3** ）。

リスト6.3 import文における＊（アスタリスク）の使い方例

```
In    from numpy import *
```

一見、便利に見えますが、変数名が別のモジュールですでに使われている場合、
衝突を起こし、動作に不具合やエラーが発生することがあります。例えば
リスト6.3 の形で呼び出した場合、NumPyに含まれる**array**関数がArrayとい
う別のモジュールに含まれる**array**関数と衝突を起こすため、使用した時エ
ラーが発生します。

6.3 if __name__ == '__main__':

GitHubや他のエンジニアが書いたPythonのコードを見ていると**if __
name__==__main__:** という記述によく出会います。このif文はこのコードが
書かれているPythonファイルが以下のようなコマンドによって実行されている
かどうかを確認しています。

● [ターミナル]

```
$ python ファイル名.py
```

　この節で解説している通り、プログラムは1つのファイルのみで記述すると膨大なサイズになってしまう上に、メンテナンスのやり易さや取り回しが悪くなります。そのため、細かいサイズのモジュールに分解され、importでそのモジュールの機能を呼び出して利用することが多いです。

　ここでもし仮に、**if __name__ == '__main__':** がない状態でモジュールに分けて実装した場合どうなるでしょうか？　実は、importしたタイミングでそのモジュールの処理が実行されてしまうのです。モジュールをimportで呼び出したタイミングで実行されないようにするために、**if __name__ == '__main__':** で、そのファイルそのものが実行されたのかを判定しているのです。仮に、Pythonファイルそのものが実行された場合、そのPythonファイルのプログラムが実行されます。一方、importの形で呼び出された場合は、その段階では実行されずにモジュール内の機能を利用することができます。

　if __name__ == '__main__': はよく見かけるコードである一方で、初心者には非常にわかりにくいものなので多少面食らってしまう方もいるでしょう。最初の段階はここで解説している内容を押さえておけば問題ありません。

章 末 問 題

問1

モジュールとパッケージの記述について間違っているものを1つ選びなさい。

1. モジュールは、長いプログラムを分割して管理しやすくしたもの。
2. パッケージは、モジュールの使い方をまとめたファイルである。
3. パッケージ管理ツールpipを利用すれば、パッケージのインストールなどができる。

問2

pipの記述について間違っているものを1つ選びなさい。

1. pipはPythonをインストールした際に同時にインストールされる。
2. **`pip install`** でパッケージをインストールすることができる。
3. 特定のバージョンを指定したい時は、**パッケージ名@バージョン**で指定する。

問3

import文の記述について間違っているものを1つ選びなさい。

1. import文は別のファイルからモジュールを使う場合に利用する。
2. import文では利用するモジュールをすべて一文で書くことが推奨されている。
3. import文は **as** を利用すれば、自分の好きな名前を設定して利用できる。

第3部

ブロックチェーンの仕組み

ここからはブロックチェーンの具体的な仕組みについて Python で
動かしつつ学んでいきましょう。折に触れて、ここまでのブロック
チェーンや Python の基礎も確認しながら読み進めてください。

第7章　ブロックチェーンの構造
第8章　アドレス
第9章　ウォレット
第10章　トランザクション
第11章　Proof of Work

第7章 ブロックチェーンの構造

Pythonの準備ができたら、いよいよブロックチェーンの構造を読み解いていきましょう。まず、構造を理解するために必要なハッシュ関数を学んだ後に、ブロックの中身へと入っていきます。

7.1 ハッシュ関数

ハッシュ関数は、とても便利な特徴を持っているため、ブロックチェーンのあらゆる場所で頻繁に利用されています。ここでは、ハッシュ関数についてじっくりと学んでいきます。

7.1.1 ハッシュ関数とは

ハッシュ関数は入力したデータを、一定のルールに基づき異なるデータに変換する関数です。ブロックチェーンにおけるハッシュ関数の重要な特徴として、以下の4点が挙げられます。

1. 一方向にしか計算できず、逆算ができない（不可逆性）
2. 入力データが少しでも変われば、出力データが大きく変わる（機密性）
3. 入力データの長さを問わず、出力データは同じ長さのデータとなる（固定長）
4. 入力データから出力データを簡単に計算できる（処理速度）

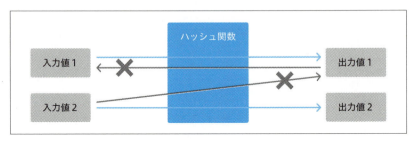

図7.1 ハッシュ関数の特徴

ハッシュ関数の持つ、逆算ができない性質（不可逆性）は、第三者に知られたくない情報を隠すために利用されます。また、入力データが少しでも変化すると出力データが大きく変化する点（機密性）は、元のデータが改ざんされていないかを検出するために利用されます（図7.1）。加えて、入力データがどのようなサイズのデータであれ、出力データは全く同じサイズ（固定長）のデータとなります。このことは、多くのデータを要約してデータサイズを圧縮することに利用されています。

7-1-2 ハッシュ関数の種類

ハッシュ関数はいくつかの種類が開発されており、ブロックチェーン以外にもさまざまな場面で利用されています。ブロックチェーン技術で利用される主なハッシュ関数には 表7.1 のものが挙げられます。

表7.1 主なハッシュ関数

ハッシュ関数	詳細
SHA-256	Secure Hash Algorism 256 bitの略で、入力データのサイズにかかわらず256ビットのハッシュ値を生成するハッシュ関数。ブロックチェーン技術全般で広く利用され、SHA-256を2回連続で掛けるような使い方もよく見られる
RIPEMD-160	RACE Integrity Primitives Evaluation Message Digestの略で、160ビットのハッシュ値を生成する。SHA-256よりも小さいサイズのハッシュ値を生成するため、データサイズを節約したい時に利用される
HMAC-SHA516	HMAC-SHA516はキーとデータのペアを入力値として、516ビットのハッシュ値を得るもの。階層的決定性ウォレット（HDウォレット）で利用される

SHAシリーズは、NIST（National Institute of Standards and Technology：アメリカ国立標準技術研究所）によって標準化されたもので、他にもSHA-384、SHA-516などが存在します。以前には、SHA-1という規格も存在し、広く使われていましたが、CWI Amsterdam（ URL https://www.cwi.nl/）とGoogle Researchの共同研究チームによって脆弱性が発見されたため、推奨されなくなりました。このように、絶対に安全とは言えないものの、上記のハッシュ関数は今のところ安全とされています。

7-1-3 ハッシュ関数を使ってみよう

ハッシュ関数を実際に使ってみましょう。Pythonには標準ライブラリとして「hashlib」が用意されているので、これを利用すれば簡単にハッシュ関数の計算ができます。

このライブラリを使って「hello」という文字列をSHA-256でハッシュ化してみましょう（ リスト7.1 ）。

リスト7.1 「**hello**」をSHA-256でハッシュ化

In
```
import hashlib

hash_hello = hashlib.sha256(b"hello").hexdigest()

print(hash_hello)
```

Out
```
2cf24dba5fb0a30e26e83b2ac5b9e29e1b161e5c1fa7425e730433 ➡
62938b9824
```

リスト7.1 のコードを実行するとOutのハッシュ値が得られます。

リスト7.1 の**hashlib.sha256(b"hello").hexdigest()**の部分でSHA-256を使ったハッシュ化を行っています。ハッシュ化するデータはバイト型にする必要があるので**b"hello"**となっています。**.hexdigest()**の部分では、16進数形式の文字列にしています。

ハッシュ関数は入力値と出力値が1対1で紐づくので、全く同じ文字列をハッシュ化した場合は同じハッシュ値が出力されます。しかし、入力値が少しだけ変わった場合は出力値が大きく変化します。そこで、**hello**と少しだけ異なる「**hallo**」という文字列をSHA-256でハッシュ化してみましょう（ **リスト7.2** ）。

リスト7.2 「**hallo**」をSHA-256でハッシュ化

In
```
import hashlib

hash_hello = hashlib.sha256(b"hello").hexdigest()
hash_hallo = hashlib.sha256(b"hallo").hexdigest()
print(hash_hello)
print(hash_hallo)
```

Out
```
2cf24dba5fb0a30e26e83b2ac5b9e29e1b161e5c1fa7425e730433 ➡
62938b9824
d3751d33f9cd5049c4af2b462735457e4d3baf130bcbb87f389e34 ➡
9fbaeb20b9
```

リスト7.2 のコードを実行するとOutのハッシュ値が得られます。

2つの出力値が全く違うことが確認できたでしょうか？　この性質を使ってデータの改ざんを検出する仕組みがブロックチェーン技術では随所で見られます。

それでは、「**hello**」「**hallo**」「**hello world!**」と言う文字列をそれぞれSHA-256でハッシュ化してみましょう（リスト7.3 ）。**hello**よりも長い文字列を入力しますが、結果はどのようになるでしょうか？

リスト7.3 さまざまなフレーズをSHA-256でハッシュ化

In

```python
import hashlib

hash_hello = hashlib.sha256(b"hello").hexdigest()
hash_hallo = hashlib.sha256(b"hallo").hexdigest()
hash_helloworld = hashlib.sha256(b"hello world!").➡
hexdigest()

print(hash_hello)
print(hash_hallo)
print(hash_helloworld)
```

Out

```
2cf24dba5fb0a30e26e83b2ac5b9e29e1b161e5c1fa7425e730433➡
62938b9824
d3751d33f9cd5049c4af2b462735457e4d3baf130bcbb87f389e34➡
9fbaeb20b9
7509e5bda0c762d2bac7f90d758b5b2263fa01ccbc542ab5e3df16➡
3be08e6ca9
```

リスト7.3 のコードを実行するとOutの結果が得られます。

入力値が変わったので当然、出力値も大きく変わりますが、入力値のサイズが大きくなっても、出力されるハッシュ値の長さが変わっていないことが確認できたでしょうか。ここで扱ったハッシュ関数の特徴は非常に重要で、さまざまな場面で利用するので、コードの記述の仕方と合わせて押さえておきましょう。

7.2　ブロックの中身

すでに見てきた通り、ブロックチェーンはブロックと呼ばれるデータのまとまりを鎖状につなげていく構造をしています。ここからは、ブロックの中身をより詳しく"解剖"してみましょう。

7.2.1　ブロック内部の構造

ブロック内部は 図7.2 のように表現することができます。この中で特に重要な情報は、blockheader（以下**ブロックヘッダ**）とTxsvi・Txs（以下**トランザクション**）です。構成要素の特徴とまとめると 表7.2 のようになります。

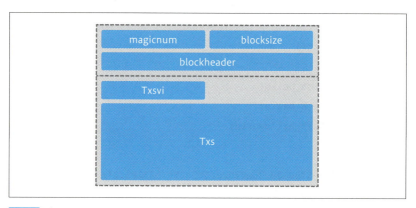

図7.2　ブロック内部

表7.2　ブロック内部の構成要素

データ	説明
magicnum	uint32（32ビット符号なし整数配列）
blocksize	uint32（32ビット符号なし整数配列）
blockheader	ブロックヘッダに関する情報
Txsvi	取引の数
Txs	取引リスト

ブロックヘッダにはブロックに関する重要な情報が詰まっています。トランザクション部分には、ブロックにマイニングを経て格納されたトランザクションやそれに付随する情報が含まれています。

　なお、ビットコインの場合、ブロック1つのデータサイズは1MBまでと決められています。上記の情報は合計して最大1MBとなるようにされていますが、ブロックチェーンの種類によっては、より大きなブロックサイズのものもあり、そのサイズにはブロックチェーンごとの設計思想が大きく影響を与えています。

7 - 2 - 2 ブロックヘッダ

　ブロックヘッダ（ 図7.3 ）は、 表7.3 の情報を含む80バイトのデータです。

| Version | Prev block hash | Merkleroot | Time | Bits | Nonce |

図7.3 ブロックヘッダのイメージ

表7.3 ブロックヘッダの構造

データ	説明	サイズ
Version	ビットフィールド	4バイト
Prev block hash	1つ前のブロックのハッシュ値	32バイト
Merkleroot	ハッシュ関数を使って取引を要約したハッシュ値	32バイト
Time	ブロックが生成された時間を示すタイムスタンプ	4バイト
Bits	マイニングの難易度	4バイト
Nonce	マイニングで条件を満たしたナンス値	4バイト

　Prev block hashは、1つ前のブロックヘッダにハッシュ関数を掛けることで生成されます。つまり、次のブロックのブロックヘッダには、1つ前のブロックヘッダのハッシュ値が取り込まれ、鎖のようにつなげられていきます。そのため、ハッシュ関数を用いて次々と鎖のようにつないでいく構造のことを、**ハッシュチェーン**と呼ぶこともあります。

7.2.3 トランザクション

マイニングを経て取り込まれるトランザクションの数は多くて3000ほどです。これらのトランザクションはリストとして格納されており、その数によっては大きなデータサイズとなる場合もあります。基本的には、取引のリストをただ格納しているだけですが、依存関係のある取引の場合は、親にあたる取引を先に入れておく必要があるといった一定の決まりがあります。しかし、取引データの順番を考慮してブロックに格納することは、不特定多数のマイナーがマイニングする際に、ブロックの順番に関する情報までやり取りしなければいけなくなり非効率的です。そこで、CTOR（Canonical Transaction Ordering Rule）方式という取引のハッシュ値を昇順（アルファベット順）で並べるといった方式も採用されています。

トランザクションは**マークルツリー（Merkletree）**というデータ構造を用いてハッシュ化し、**マークルルート（Merkleroot）**として要約されます。マークルルートはそのブロックのブロックヘッダに格納され、トランザクションが正しいものか検証する際に利用されます。マークルルートに関しては第14章で詳しく扱います。

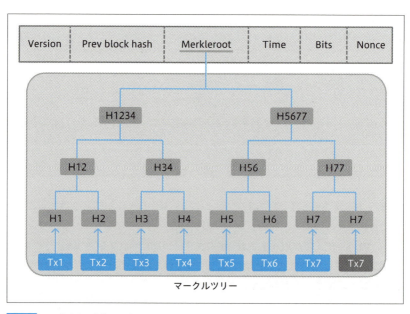

図7.4 マークルルートとマークルツリー

章末問題

問1

ハッシュ関数の特徴として間違っているものを1つ選びなさい。

1. 入力データが少しでも変化すると出力データが大きく変化する。
2. 出力データから入力データを逆算することは基本的にできない。
3. 入力データのサイズによって、出力されるデータのサイズは調整される。

問2

「Bonjour」をSHA-256に掛けて、ハッシュ値を計算しなさい。

問3

ブロックヘッダに関する記述として正しいものを1つ選びなさい。

1. 前のブロックのブロックヘッダのハッシュ値が次のブロックのブロックヘッダに含まれる。
2. ブロックヘッダにはすべてのトランザクションが含まれている。
3. ブロックヘッダは8バイトのデータサイズを持つ。

第8章 アドレス

アドレスは取引先を特定するために利用されるものです。アドレス
は公開鍵から生成されますが、公開鍵は楕円曲線暗号を利用し
て秘密鍵から生成されます。アドレスが生成されるまでの段階を
1つひとつ理解していきましょう。

8.1 アドレスが生成されるプロセス

ここではアドレスがどのようにして生成されるのか、そのプロセスを紹介します。

8-1-1 アドレスとは

ビットコインをはじめとする仮想通貨を送ったり、受け取ったりする際にアドレスを利用します。このようにアドレスは取引する相手方を特定するために、多くの人に伝える情報です。

アドレスは、多くの人の目に触れるため可読性の高いものであると同時に、個人と紐づいているプライバシーの高いものでもあります。このような**公開性**と**秘匿性**という一見、相反する条件を満たすため、アドレスが生成されるまでに多くの技術が利用されています。

8-1-2 アドレスが生成されるまでの全体像

アドレスは元をたどれば秘密鍵に行き着きます。秘密鍵からアドレスが生成されるまでのプロセスは 図8.1 のようになります。

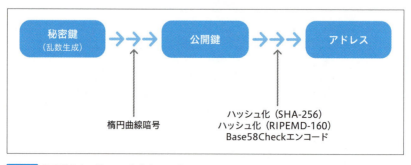

図8.1 秘密鍵からアドレスの生成までのプロセス

まず、秘密鍵が**乱数**として生成されます。その後、**楕円曲線暗号**という暗号技術によって公開鍵が生成され、そこから2回ハッシュ化され、Base58Checkでエンコードされてアドレスが生成されます。

8.2　秘密鍵の生成

ここでは秘密鍵がどのようにして生成されるのか、そのプロセスを紹介します。

8-2-1　秘密鍵の種は「乱数」

　秘密鍵は本質的には乱数です。乱数とはランダムに生成された数です。ビット
コインのブロックチェーンの場合、秘密鍵は1～2256の間にある整数が、その都
度ランダムに生成されます。

　乱数が本当にランダムな数で、規則性を持っていないのかどうかは非常に重要
な点です。それと同時に、判断するのが難しい点でもあります。例えば、ブロッ
クチェーンで利用される乱数が何らかの規則性に基づいていた場合、悪意ある第
三者によって秘密鍵が予測されてしまいます。ブロックチェーンにおいて、秘密
鍵は何らかの資産の所有権そのものであるため、それを予測されてしまうかどう
かは死活問題です。そこで、乱数生成器では高度な技術によってランダムさを確
保しており、Pythonをはじめとするプログラミング言語では、乱数を生成する
ためのライブラリも用意されています。

8-2-2　秘密鍵を生成してみよう

　リスト8.1 のコードで乱数を生成し、秘密鍵を得ることができます。今回は、
Pythonの標準モジュールである **os** と **binascii** を利用します。そのため、冒
頭で2つのライブラリをimportして呼び込む必要があります。

リスト8.1　秘密鍵の生成

```
import os
import binascii


private_key = os.urandom(32)


print(private_key)
print(binascii.hexlify(private_key))
```

Out	`b'"vi\xb8\xf5\x10\x7f0F\xc54\xfd\xca>g\xd3\xd8\xe7\xac` ➡
	`\xb9\x16\xb0M\xe9\xde\x8eiN\x1d\xca`\xf9'`
	`b'227669b8f5107f3046c534fdca3e67d3d8e7acb916b04de9de8e` ➡
	`694e1dca60f9'`

リスト8.1 の **os.urandom(32)** の部分で32バイトの乱数を生成しています。**binascii.hexlify()** では、バイナリデータを16進数に変換しています。この変換は、出力した際に読みやすくするために行いました。

このコードを実行するとOutのように秘密鍵が生成できます。なお、その都度、乱数を生成しているため、出力結果は実行ごとに異なります。

8.3　公開鍵の生成

ここでは公開鍵が生成されるプロセスを紹介します。楕円曲線暗号をはじめとする暗号技術が利用されますが、発展的な内容なためこの節の後半で発展編として解説しています。関心のある方はそちらも合わせて確認してください。楕円曲線への理解が進めば、公開鍵に関する理解も同時に深まるはずです。

8·3·1　公開鍵を生成してみよう

秘密鍵から公開鍵を生成してみましょう。公開鍵を生成するのに欠かせない楕円曲線暗号を直接自分で作ることは難易度が高く、また脆弱性を考えても、お勧めできません。そこで、サードパーティ製のライブラリである「ecdsa」を利用して、楕円曲線暗号を利用しましょう。秘密鍵から公開鍵を生成するコードは リスト8.2 のようになります。

● [ターミナル]

```
$ pip install ecdsa
```

リスト8.2 公開鍵の生成

```
In
import os
import ecdsa
import binascii

private_key = os.urandom(32)
public_key = ecdsa.SigningKey.from_string(private_key, ➡
curve=ecdsa.SECP256k1).verifying_key.to_string()

print(binascii.hexlify(private_key))
print(binascii.hexlify(public_key))
```

```
Out
b'9a8486a2494c5c62ac6df097f6beb7c453ece6ccedbd25d28b6b ➡
ed19abe9e024'
b'd5c37c48d5cd6f52a21cffb95a263affcccd6638b975eafc4e60 ➡
6f7cf7b1463ec741d07e989f624ed70b53a5fb33b2a0e89bd5617f ➡
c95e673173feff2c41e3da'
```

秘密鍵**private_key**は前節と同様、乱数を生成することで生成します。この結果を リスト8.3 に渡すことで楕円曲線暗号を利用しています。**.from_string** の2つの引数の内、1つ目の引数で秘密鍵、2つ目の引数で楕円曲線を指定しています。

リスト8.3 楕円曲線暗号の利用

```
ecdsa.SigningKey.from_string(private_key,curve=ecdsa.SECP256 ➡
k1).verifying_key.to_string()
```

筆者の環境では、 リスト8.2 のコードの出力結果はOutの通りとなりました。なお、プログラムの冒頭で乱数を生成して秘密鍵と公開鍵を生成しているため、出力結果は実行する度に変化します。

8.3.2 （発展編）楕円曲線

公開鍵は秘密鍵と違って、多くの人に公開される情報です。しかし、誰の目にも触れる公開鍵から秘密鍵が逆算できてしまっては元も子もありません。そこで、公開鍵を生成するために「**楕円曲線暗号**」と呼ばれる非常に高度な暗号技術を利用します。楕円曲線暗号はハッシュ関数と同様に一方向性（不可逆性）を持っており、簡単に逆算できないようになっています。

楕円曲線暗号は楕円曲線と呼ばれる以下の数式を利用します。

$$y^2 = x^3 + ax + b$$

aとbの値によって、この数式のグラフは変化しますが、ビットコインのブロックチェーンの場合は、$a = 0$、$b = 7$とした以下の数式を利用しています。この数式はsecp256k1として定義されています。

$$y^2 = x^3 + 7$$

この数式をグラフにすると 図8.2 のようになります。

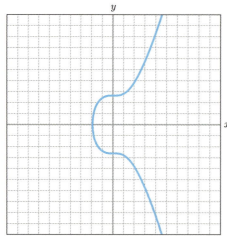

図8.2 $y^2 = x^3 + 7$のグラフ

8·3·3 （発展編） 楕円曲線暗号

楕円曲線暗号に利用される式は、以下のように表現されます。

$$y^2 = x^3 + 7 \bmod p$$

ここで、modは**剰余演算（モジュロ）**と呼ばれる記号で余りを表します。例えば、$7 \bmod 3$と表記すれば7を3で割った余りの1を表します。つまり上記の方程式は、右辺の$x^3 + 7$をpで割った余りが、左辺のy^2と等しいことを表しています。

これは離散対数問題の性質を応用しているものです。ある定数gと素数pがわかっている時、$y = gx \bmod p$の式においてyを求めるのは簡単ですが、逆にyからxを求めるのは困難だという性質があります。ただし、これ以上踏み込むと高度な暗号学の世界へ入ってしまうので、ここではyからxを導き出すのに膨大な計算量と時間が必要になる、つまりハッシュ関数のように逆算することが難しくなるという理解で大丈夫です。

8·3·4 （発展編） 秘密鍵から公開鍵を生成

ここからは、楕円曲線暗号を利用してどのように秘密鍵から公開鍵を生成しているのかを見ていきましょう。

まず、楕円曲線である$y^2 = x^3 + ax + b \bmod p$のパラメータである$a, b, p$と、基準点となる$G(x, y)$を設定します。ビットコインで使っているsecp256k1ではすでに紹介した通り、パラメータa、bには以下の値が入ります。

$a = 0x0000000000000000000000000000000000000000000000000000000000000000$
$b = 0x0000000000000000000000000000000000000000000000000000000000000007$

また、ビットコインの場合、基準点Gには以下の点があらかじめ決められています。

$Gx = 0x79be667ef9dcbbac55a06295ce870b07029bfcdb2dce28d959f2815b16f81798$
$Gy = 0x483ada7726a3c4655da4fbfc0e1108a8fd17b448a68554199c47d08ffb10d4b8$

加えて、pの値として以下の数値（16進数）が設定されています。

$$p = 0xffffffffffffffffffffffffffffffff$$
$$ffffffffffffffffffffffffeffffc2f$$

　ここで、楕円曲線での足し算について説明します。楕円曲線上での足し算は、通常の足し算や掛け算とは違って、楕円曲線上の接線を利用します（ 図8.3 ）。楕円曲線上のある点Gを特定してその点に関する接線を引くと、曲線の性質上、接線は必ず接点G以外の楕円曲線上の点とぶつかります。そのぶつかった点とx軸対称に位置する点が$2G$となります。公開鍵の生成には、この性質を利用します。

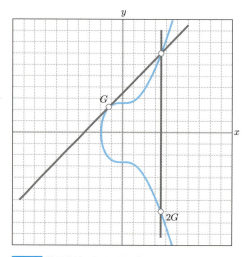

図8.3　楕円曲線における足し算

　それでは、具体的な公開鍵の生成の説明に入っていきましょう。まず、すでに紹介した基準点Gに対してそのままGを足し、$2G$を求めます。これを秘密鍵の値の分だけ繰り返します。この計算の結果、得られた値が公開鍵の値になります。

　この作業を膨大な回数行うことで、最終的な点nGを得ることができ、これが公開鍵として利用されます。点nGの計算には膨大な回数が必要となるため、コンピューターによる演算が必要です。

　また、重要な性質として、modを利用しているので、試行する回数が多ければ多いほど、最終的な点nGの情報から試行回数であるnを特定することが限りなく困難であるとされています。この性質はハッシュ関数と同じ一方向性を表しており、解読することを非常に難しくしています。特にこの場合、試行回数であるnが特定されるということは、秘密鍵を特定されるのと同じことなので、この性質は暗号化技術として非常に重要なことだと言えます。

8.3.5 公開鍵のフォーマット

公開鍵はすでに紹介した通り楕円曲線暗号を利用して導出されますが、その本質は座標です。つまり、公開鍵は楕円曲線暗号上の点によって定義されており、x座標とy座標のセットから成り立っています。 リスト8.2 で導出した公開鍵で確認してみると、前半と後半でx座標とy座標の情報に分けられます。

x座標：$d5c37c48d5cd6f52a21cffb95a263affcccd6638b975eafc4e606f7cf7b1463e$

y座標：$c741d07e989f624ed70b53a5fb33b2a0e89bd5617fc95e673173feff2c41e3da$

先ほど導出した公開鍵は、秘密鍵と比べて約2倍のサイズがあり、ブロックチェーン全体のデータ容量を考えると圧縮した方が好ましいと考えられていました。そこで、公開鍵のフォーマットとして非圧縮公開鍵と圧縮公開鍵の2種類が導入されることになりました。

非圧縮公開鍵は、前節で導出した公開鍵に対して**プレフィックス**として04を付加したものです。プレフィックスとは、接頭辞のことで、データの先頭に置かれた特定の意味を持たせた文字列のことを指します。先ほど導出した公開鍵であれば、フォーマットに従えば 図8.4 のようになります。

図8.4 非圧縮公開鍵のフォーマット

一方、圧縮公開鍵は公開鍵が座標の情報であることを利用します。関数上の点（座標）はxかyのいずれかの情報がわかれば、もう片方の情報がわかります。公開鍵は楕円曲線暗号$y^2 = x^3 + 7$上の点であるならば、xの情報だけでyの値を計算することができるわけです。

しかし、yが2乗されているため、xの値1つにつき、yの値が2つ求められてしまいます。このことはグラフで考えるとわかりやすいでしょう。x軸を対称軸に、上と下にyの値が存在していること（xの値は同じ）がわかります（ 図8.5 ）。

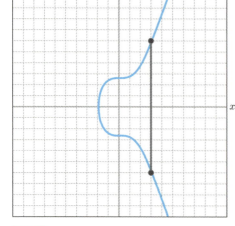

図 8.5 楕円曲線の x 軸対称の図

そこで、1つの x 座標に対して、y の座標を1つ特定するために、プレフィックスで区別します。以下の図のように、y の値が正の数なら02を、負の数なら03を付けて区別します（ 図8.6 ）。

図 8.6 圧縮公開鍵のフォーマット

プレフィックスと x 座標の情報のみで公開鍵の情報を網羅できるようになりました。これにより、非圧縮公開鍵よりも約半分のサイズに圧縮できます。この作業をプログラムで処理するには、プレフィックスの値が偶数か奇数で分類し、偶数であれば正の数、奇数であれば負の数という形で分類を行います（ リスト8.4 ）。

リスト8.4 圧縮公開鍵の生成

In
```python
import os
import ecdsa
import binascii

private_key = os.urandom(32)
public_key = ecdsa.SigningKey.from_string(private_key, ➡
curve=ecdsa.SECP256k1).verifying_key.to_string()

# y座標を取り出す
public_key_y = int.from_bytes(public_key[32:], "big")

# 圧縮公開鍵を生成
if public_key_y % 2 == 0:
    public_key_compressed = b"\x02" + public_key[:32]
else:
    public_key_compressed = b"\x03" + public_key[:32]

print(binascii.hexlify(public_key))
print(binascii.hexlify(public_key_compressed))
```

Out
```
b'7e863135b895112de09f9b5492d3b3a0af75ae770a6ed08627d1➡
e279d4b2bb040a018b6083f2500d25ae1904976ae8c5cc0691bf4f➡
47c82ca5b3148858deef51'
b'037e863135b895112de09f9b5492d3b3a0af75ae770a6ed08627➡
d1e279d4b2bb04'
```

　このプログラムでは上記の通り、公開鍵と圧縮公開鍵の2つが出力されます。下側に表示された圧縮公開鍵では、プレフィックス（03）と公開鍵の前半部分（x座標）の値が確認できます。また何度か同じプログラムを実行すると、その度に異なる乱数が生成されるため、プレフィックスの02と03が度々入れ替わり、値自体も大きく変わります。

8.4 アドレスの生成

ここではアドレスがどのようにして生成されるのか、そのプロセスを紹介します。

8.4.1 可読性を高める工夫

ここまでの段階で、予測されないように秘密鍵を生成し、逆算できないように公開鍵を生成しました。この段階である程度の秘匿性を確保することができました。しかし、公開鍵の文字列は長いため、可読性が低いものになってしまいます。そのため、エンコードを行って誤読を防ぐ、といった工夫がなされます。具体的には人が読みやすい形にするために、ハッシュ関数としてRIPEMD-160を利用して文字量を減らしたり、Base58Checkエンコードを行ったり、といった工夫がなされます。

8.4.2 Base58

Base58とは、人が見て読み間違えやすい文字列を排除したエンコード方式で、アドレスを入力したり、書き取ったりする際に間違いにくいようにする手法です。具体的には以下のアルファベットや数字が使われないようにしています。

- 数字の0（ゼロ）
- アルファベット大文字O（オー）
- アルファベット小文字l（エル）
- アルファベット大文字I（アイ）
- ＋（プラス）
- ／（スラッシュ）

8.4.3 Base58Check

公開鍵からアドレスを生成する際は、チェックサムを利用したBase58Checkが利用されます。チェックサムはデータが間違っていないかどうかを確認するための手法で、元のデータから算出できるデータの一部を付加して利用します。

これはBase58Checkエンコードの際に、チェックサムを組み込むことで記入ミスを発見できるようにするものです。ここでのチェックサムは、公開鍵のハッ

シュ値とその先頭にバージョンバイト（次項で後述）をつなげたものからSHA-256で2回ハッシュ化したものの先頭4バイトを利用します。Base58Checkエンコードのプロセスは 図8.7 の通りです。

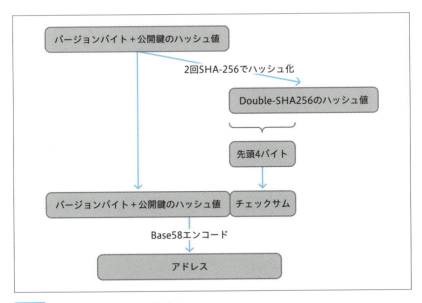

図8.7 Base58Checkエンコードのプロセス

このバージョンバイトとは、生成するアドレスがどのようなタイプのアドレスなのかを示す16進数の情報です。バージョンバイトはVersion prefixと呼ばれることもあります。バージョンバイトはBase58Checkエンコードすると、同じ文字に変換されます。代表的なバージョンバイトは 表8.1 の通りです。

表8.1 代表的なバージョンバイト

バージョンバイト	意味	エンコード後
0x00	公開鍵ハッシュ	1
0x05	スクリプトハッシュ	3
0x08	秘密鍵WIF形式	5
0x0488B21E	BIP32拡張公開鍵	xpub

8-4-4 アドレスを生成する

公開鍵からアドレスを生成しましょう。公開鍵からアドレスを生成するプロセスは以下の通りです。

①公開鍵をSHA-256でハッシュ値①にハッシュ化
②ハッシュ値①をRIPEMD-160でハッシュ値②にハッシュ化
③ハッシュ値②をBase58Checkエンコード

上記の手順を踏まえてアドレスを生成するコードは リスト8.5 の通りです。
リスト8.5 を実行する前に、**pip**コマンドで**Base58**ライブラリをインストールしてください。なお、公開鍵のフォーマットとして非圧縮公開鍵を利用しています。

● [ターミナル]

```
$ pip install base58
```

リスト8.5 アドレスの生成

```
import os
import ecdsa
import hashlib
import base58

private_key = os.urandom(32)
public_key = ecdsa.SigningKey.from_string(private_key, ➡
curve=ecdsa.SECP256k1).verifying_key.to_string()

prefix_and_pubkey = b"\x04" + public_key ─────────────── ❶

intermediate = hashlib.sha256(prefix_and_pubkey).
digest()
ripemd160 = hashlib.new('ripemd160')
ripemd160.update(intermediate)
hash160 = ripemd160.digest() ───────────────────────── ❸
```

```
prefix_and_hash160 = b"\x00" + hash160 ──────────── ❷

# hashlib.sha256が入れ子になっていることを確認！
double_hash = hashlib.sha256(hashlib.sha256(prefix_and➡
_hash160).digest()).digest()
checksum = double_hash[:4] ─────────────── ❹
pre_address = prefix_and_hash160 + checksum ───┐
                                               ├─❺
address = base58.b58encode(pre_address) ───────┘
print(address.decode())
```

Out　`1LnDk2TfxvsuJk71xLq28sAkS7YFnThPcA`

コードの内容について解説していきます。

```
prefix_and_pubkey = b"\x04" + public_key
```

　リスト8.5 ❶の部分では、非圧縮公開鍵のプレフィックスの04を公開鍵に付加しています。

```
prefix_and_hash160 = b"\x00" + hash160
```

　リスト8.5 ❷の部分では、公開鍵ハッシュのバージョンプレフィックスである00と公開鍵ハッシュを合体しています。これ以前のコードに関しては、これまでの公開鍵の生成と手順は同じです。なお、SHA-256でハッシュし、さらにRIPEMD-160でハッシュすることは、まとめてHASH160と呼ばれます。

```
hash160 = ripemd160.digest()
```

　リスト8.5 ❸の部分ではHASH160を生成しています。
　さてその後、SHA-256を入れ子のように使い二重にハッシュを掛けた後、

```
checksum = double_hash[:4]
```

で先頭4バイトを取り出しています（ リスト8.5 ④ ）。

```
preaddress = prefix_and_hash160 + checksum

address = base58.b58encode(preaddress)
```

また リスト8.5 ⑤ でチェックサムを取り出し、それをBase58エンコードすることでアドレスを生成しています。

リスト8.5 を実行するとOutのような結果を得ることができます。

Base58Checkエンコードを行っている部分では、 図8.7 のプロセスとの対応関係を押さえておきましょう。

章・末・問・題

問1

秘密鍵からアドレスを生成するプロセスの記述のうち、間違っているものを1つ選びなさい。

1. 秘密鍵から楕円曲線暗号によって公開鍵を生成する。
2. アドレスは秘密鍵→公開鍵→アドレスの順に生成される。
3. アドレスは秘密鍵と公開鍵を結合しハッシュ化したものである。
4. Base58エンコードをすることで人間にも見やすい文字列に変換する。

問2

秘密鍵を「01147afe0f4b6332feb1c45aad835c7f89fd272de42974acda47e1f145ac2d89」とした時、公開鍵を生成しなさい。

問3

問2 で生成した公開鍵からアドレスを生成しなさい。

第**9**章 ウォレット

ブロックチェーンを考える上でウォレットの概念を避けて通ることは
できません。ここではウォレットの概念とその発展について順に理
解していきましょう。

9.1 ウォレットとは

ウォレットは暗号資産そのものを保管しているわけではありません。その資産に紐づく秘密鍵を保管しています。

9-1-1 ウォレットは秘密鍵を管理している

すでに見てきた通り秘密鍵から公開鍵やアドレスが生成されるため、秘密鍵は非常に重要なデータです。言い換えれば、秘密鍵を持っていることは、資産を持っていることとほぼ同義なのです。

ウォレットにはその形態によって、さまざまな種類があります。ウェブ上で利用できる利便性の高いウェブウォレット、PCなどで利用できるデスクトップウォレット、USBのような端末で利用できるハードウェアウォレット、紙に印字して利用するペーパーウォレットなどです。

また、ウォレットの状態によって、インターネットに接続しているホットウォレットとオフライン状態で管理されるコールドウォレットにも大きく分類できます。

9-1-2 ウォレットの安全性と利便性

ウォレットには重要なデータが収められているため、その安全性には自ずと注目が集まります。また、送金したり受け取ったりするような資産の移動も頻繁に起こるため、利便性も重要視されるでしょう。安全でかつ利便性も高いウォレットが一番ありがたいですが、基本的にこれら2つは両立しません（図9.1）。

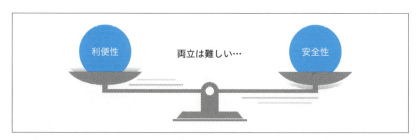

図9.1 ウォレットの利便性と安全性のジレンマ

例えば、ホットウォレットの場合、常にインターネットに接続しているため、送金などの資産の移動が楽に行えます。しかし、インターネットを経由した攻撃

を受けやすく安全性が比較的、低くなってしまう傾向にあります。実際に、仮想通貨取引所から暗号資産が流出した事件ではホットウォレットをハッキングした攻撃がほとんどでした。一方、コールドウォレットはオフラインで管理しているため、外部からハッキングされる心配はほぼありません。しかしながら、送金などの資産の移動をするには一旦オンラインに戻さなければいけないためあまり利便性は高くありません。

このように秘密鍵を保管するという機能は同じであるものの、その形態によって安全性や利便性に特徴が生まれます。自分の使い方にあったウォレットを選択する必要があります。

9-1-3 秘密鍵をより扱いやすくするために…

ここまでウォレットの基本的な内容について触れてきましたが、重要な点は「ウォレットは秘密鍵を管理するもの」ということです。秘密鍵を管理する形態やインターネットへの接続の有無によって、さまざまな種類のウォレットが開発されてきました。それぞれに長所短所があり、状況によって使い分ける必要があります。

しかし、どのウォレットを使ったとしても、安全性と利便性のバランスを考えながら秘密鍵を扱わなければならない煩雑さは変わりません。例えば、秘密鍵はコールドウォレット、公開鍵やアドレスはホットウォレットとそれぞれ管理できれば安全性や利便性を共に高めることができるようになるでしょう。そこで、決定性ウォレットやHDウォレットなどさまざまな方式が考案されています。

9.2 非決定性ウォレットと決定性ウォレット

ウォレットは鍵の生成および管理方法によって大きく2種類に分類できます。2つを比較すると、秘密鍵や公開鍵の管理コストに大きな違いがあることがわかります。

9-2-1 非決定性ウォレット

非決定性ウォレットとは、ウォレット内で秘密鍵から公開鍵を1対1の関係で生成する仕組みのウォレットです（ 図9.2 ）。公開鍵の数だけ秘密鍵が必要とな

り、ウォレットが管理すべき秘密鍵の数が多くなります。ランダムに公開鍵を生成するため、ランダムウォレットと呼ぶこともあります。ビットコインではこの方式のウォレットが初期の段階で利用されていました。

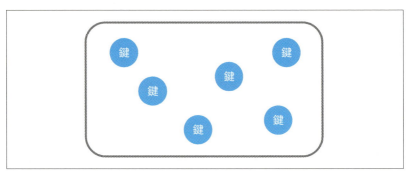

図9.2 非決定性ウォレットのイメージ

　非決定性ウォレットの場合、鍵同士に関係性がないため、秘密鍵を紛失した際、それに関連する公開鍵やビットコイン自体を誰も使えなくなります。公開鍵と秘密鍵が1対1でリンクしているので、一度紛失したら秘密鍵を復旧することは極めて困難になります。

9.2.2 決定性ウォレット

　決定性ウォレットとは、「**シード**」と呼ばれる1つの乱数を元に、複数の鍵を生成する仕組みのウォレットです（図9.3）。親にあたる秘密鍵から子供にあたる秘密鍵を次々に生成していくことで鍵同士に依存関係が生まれます。依存関係があるので、大元のシードさえバックアップを取っておけば、すべての秘密鍵を復元できます。

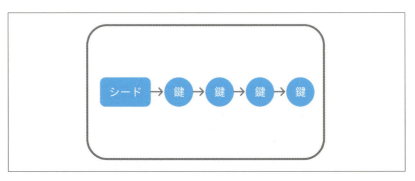

図9.3 決定性ウォレットのイメージ

決定性ウォレットは非決定性ウォレットと違い、シードのバックアップがしっかり取れていれば鍵を復元できるため、ウォレット自体のエクスポートやインポートが容易にできるようになります。ウォレットの利便性を高められるとして注目されました。そして、決定性ウォレットをさらに技術的に推し進めたものが階層的決定性ウォレット（HDウォレット）です。

9.3 階層的決定性ウォレット（HDウォレット）

　階層的決定性ウォレット（HDウォレット）を利用すれば、秘密鍵や公開鍵の管理コストがさらに下がり、より使い勝手がよくなります。

9.3.1 HDウォレットの概要

　HDウォレットは決定性ウォレットと同じように、シードと呼ばれる乱数から多くの鍵を生成します。決定性ウォレットとの違いは、1つの親鍵から生成される子鍵が複数である点です。これにより、鍵群の関係性がツリー構造になるため、あるブランチを特定の用途にのみ利用するというように目的に応じて、鍵を使い分けることができます（図9.4）。また、親公開鍵から子秘密鍵や子公開鍵を生成できるため、秘密鍵にいたずらにアクセスする必要がなく、セキュリティが高まるというメリットもあります。

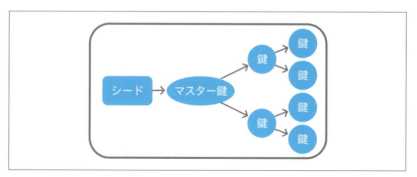

図9.4　階層的決定性ウォレット（HDウォレット）のイメージ

9-3-2 マスター秘密鍵、マスター公開鍵、チェーンコード

　HDウォレットにおいて最初に生成される秘密鍵、公開鍵をそれぞれマスター秘密鍵、マスター公開鍵と言います。図9.5 は、乱数であるシードからマスター秘密鍵やマスター公開鍵が生成される過程を表しています。

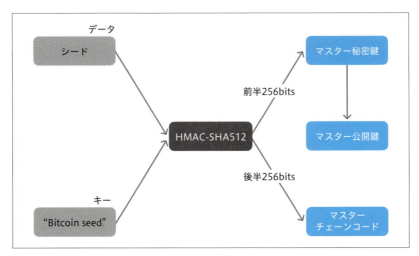

図9.5　マスター鍵の生成プロセス

　HMAC-SHA512は、データとキーという2つのデータを入力して512ビットのハッシュ値を出力する関数です。ビットコインの場合、この時のキーはBitcoin seedで固定されています。出力された前半256ビットがマスター秘密鍵で、後半256ビットは**マスターチェーンコード**です。チェーンコードとは子鍵を生成する際に、HMAC-SHA512の2つの入力のうち、キーとして入力されるデータです。

9 - 3 - 3 マスター鍵を生成してみよう

マスター鍵を生成してみましょう。 リスト9.1 のプログラムでは最初に、楕円曲線暗号に関連するecdsaパッケージを**pip install**のコマンドでインストールしておく必要があります。

● [ターミナル]

```
$ pip install ecdsa
```

リスト9.1 マスターキーとマスターチェーンコードの生成

```
import os
import binascii
import ecdsa
import hmac
import hashlib


seed = os.urandom(32)                                      ❶
root_key = b"Bitcoin seed"

def hmac_sha512(data, keymessage):
    hash = hmac.new(data, keymessage, ➡
hashlib.sha512).digest()                                   ❷
    return hash


def create_pubkey(private_key):
    publickey = ecdsa.SigningKey.from_string(➡
private_key, curve=ecdsa.SECP256k1).verifying_key.➡        ❸
to_string()
    return publickey


master = hmac_sha512(seed,root_key)                        ❹
master_secretkey = master[:32]
master_chaincode = master[32:]
```

```
master_publickey = create_pubkey(master_secretkey) ── ❺


master_publickey_integer = int.from_bytes(➡ ─────
master_publickey[32:], byteorder="big")

# 圧縮公開鍵生成
if master_publickey_integer % 2 == 0:
    master_publickey_x = b"\x02" + master_publickey➡          ❻
[:32]
else:
    master_publickey_x = b"\x03" + master_publickey➡
[:32] ─────────

# マスター秘密鍵
print("マスター秘密鍵")
print(binascii.hexlify(master_secretkey))
#マスターチェーンコード
print("\n")
print("マスターチェーンコード")
print(binascii.hexlify(master_chaincode))
#マスター圧縮公開鍵
print("\n")
print("マスター公開鍵")
print(binascii.hexlify(master_publickey_x))
```

　seed = os.urandom(32)では（ リスト9.1 ❶）、32バイトの乱数を生成して
います。その後、2つの関数を定義しています。1つ目の**hmac_sha512(data,
keymessage)**では（ リスト9.1 ❷）、HMAC-SHA512を実行する関数を定義して
います。2つ目は、**create_pubkey(private_key)**で（ リスト9.1 ❸）、秘
密鍵から楕円曲線暗号を通して公開鍵を生成する関数を定義しています。この部
分は、第8章の リスト8.2 で行っているものと同じです。

　master = hmac_sha512(seed,root_key)では（ リスト9.1 ❹）、**seed**
を**データ**、**root_key**をキーとしてHMAC-SHA512を実行しています。そして
出力された512ビット（64バイト）のハッシュ値のうち前半部分をマスター秘密

鍵、後半部分をマスターチェーンコードとしてそれぞれ変数に格納しています。

master_publickey = create_pubkey(master_secretkey) では（ リスト9.1 ⑤ ）、公開鍵が生成されますが、これは非圧縮公開鍵のため、 リスト9.2 （ リスト9.1 ⑥ の部分）で圧縮公開鍵へと変換しています。偶数と奇数で場合分けすることで、それぞれ異なるプレフィックスを付加するため、if文で分けています。この処理は第8章でも解説しています。

リスト9.2 圧縮公開鍵の生成

```
master_publickey_integer = int.from_bytes(master_publickey➡
[32:], byteorder="big")

# 圧縮公開鍵生成
if master_publickey_integer % 2 == 0:
    master_publickey_x = b"\x02" + master_publickey[:32]
else:
    master_publickey_x = b"\x03" + master_publickey[:32]
```

リスト9.1 の出力結果は、 リスト9.3 のようになります。乱数によって変わるため、出力する度に値が変動します。

リスト9.3 リスト9.1 の出力結果

```
Out   マスター秘密鍵
      b'01f2d0d4a656e128557c71d2ad6e13b378e546490f0afd8b3e0d➡
      9b83f5b2a9e3'


      マスターチェーンコード
      b'92e3a2ee3081f455fb1faabc4527a8b123c17b0d34f4dc174220➡
      8c6e2c1a5e62'


      マスター公開鍵
      b'0252a388d5c5d651f282abf8ea20f5f35ed7a485f26920ef1f3d➡
      304285f3907c61'
```

9-3-4 子鍵の生成

　生成されたチェーンコードは子鍵を生成する際にキーとしてHMAC-SHA512に入力されます。図9.6は子鍵（子秘密鍵、子公開鍵）を生成するプロセスです。マスターキーやマスターチェーンコードを生成する過程とよく似ていますが、ポイントとなるのはデータの生成過程と子秘密鍵の生成過程です。まず、HMAC-SHA512にインプットされるデータとして、親の公開鍵の先頭にインデックスを結合したものを利用します。これによって、生成される鍵が何番目の鍵かを表すことができます。また、子秘密鍵を生成する際には、親秘密鍵とインデックス、HMAC-SHA512の出力結果の前半256ビット（32バイト）をすべて足し合わせることで計算します。

　なお、HMAC-SHA512の出力結果の後半256ビット（32バイト）は「子鍵の子鍵（孫鍵）」を生成する際に、HMAC-SHA512のキーとして利用されます。このように連鎖的に鍵が生成されることで、相互に依存関係を持つ鍵を大量に効率的に生成できようになります。

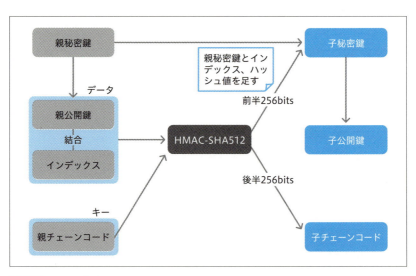

図9.6　子鍵の生成プロセス

9 3 5 子秘密鍵を生成しよう

9.3.3項のプログラム（ リスト9.1 ）の下に続くように リスト9.4 のプログラムを追加します。

リスト9.4 リスト9.1 に追加するコード

```
(…略： リスト9.1 …)
index = 0
index_bytes = index.to_bytes(8, "big")
data = master_publickey_x + index_bytes ──────────── ❶
result_hmac512 = hmac_sha512(data, master_chaincode)


# 親秘密鍵とHMACSHA512の結果の前半部分を足し合わせる ─────┐
sum_integer = int.from_bytes(master_secretkey, "big") + \   ❷
int.from_bytes(result_hmac512[:32], "big")


p = 2**256 - 2**32 - 2**9 - 2**8 - 2**7 - 2**6 - 2**4 - 1 ─┐
child_secretkey = (sum_integer % p).to_bytes(32, "big")    ❸
# 子秘密鍵（マスターから見て1つ下の階層の秘密鍵）
print("\n")
print("子秘密鍵")
print(binascii.hexlify(child_secretkey))
```

data = master_publickey_x + index_bytesの部分では（ リスト9.4 ❶）、先ほど生成した公開鍵とインデックス（今回は**0**）を結合しています。その後、定義したHMAC-SHA512関数を使ってハッシュ値（**submaster**）を出力します。この値の前半32バイトと親秘密鍵を合計します。なお、ハッシュ値はバイト型となっているため、整数型に変換しています（ リスト9.4 ❷）。

この時、秘密鍵が32バイトよりも大きくならないように、巨大な素数であるpで割ってその余りを子秘密鍵として変数へ格納しています（ リスト9.4 ❸）、なお、プログラム内の**p**の値は、極めて大きな素数ですが、こちらの解説は高度な数学の話題になるので本書では割愛します。出力値は リスト9.5 のようになります。

リスト9.5 **リスト9.4** を追加した **リスト9.1** の出力結果

Out

```
子秘密鍵
b'216b47b223d000f6fbf1804c3110aff21e2c53533f67dc03137f➡
006ea6375cae'
```

9 3 6 拡張鍵

　拡張鍵は秘密鍵や公開鍵にチェーンコードをはじめとした情報をセットにした鍵です。通常の秘密鍵や公開鍵よりも情報面でも機能面でも拡張されているのでこのように名付けられています。

　拡張鍵は、HDウォレットを異なるサーバー間で移動可能にするために導入されました。HDウォレットの子鍵の生成過程を見ると、子鍵を生成するには親鍵とチェーンコード、インデックスなどが必要で、親鍵だけでは子鍵を生成することはできません。そのため親鍵の情報と子鍵の生成に必要なチェーンコードなどのデータをひとまとめにした鍵を作成することで移植を容易にし、その鍵以降の子世代の鍵群を生成することができます。拡張鍵のフォーマットは **表9.1** のようになっています。

表9.1 拡張鍵のフォーマット

フィールド	説明	サイズ（バイト）
Version bytes	Mainnet: 公開鍵0x0488B21E、秘密鍵0x0488ADE4 Testnet: 公開鍵0x043587CF、秘密鍵0x04358394	4
Depth	マスターを0x00とした時の深さ	1
Fingerprint	親公開鍵のHASH160の先頭4バイト	4
Child number	何番目の子かを表すインデックス	4
Chain code	チェーンコード	32
Key	圧縮公開鍵か秘密鍵	33
Checksum	ミスや不正を検出するためのチェックサム	4

Keyの部分に圧縮公開鍵を入れた場合は**拡張公開鍵**、秘密鍵を入れた場合は**拡張秘密鍵**となります。拡張公開鍵からは子公開鍵が生成でき、秘密鍵が必要ありません。秘密鍵が必要ないので、セキュリティを維持しつつアドレスを生成することが可能です。このような性質を利用することで、コールドウォレットとホットウォレットで鍵を分散させて管理できます。シードやマスター秘密鍵などの重要な情報はコールドウォレットで管理し、小口の取引用や高額取引用の公開鍵はホットウォレットで管理するといったことが可能です。

9.3.7 強化導出鍵

強化導出鍵は子鍵を生成する際に、HMAC-SHA512のデータとして秘密鍵を利用するものです（図9.7）。拡張鍵で圧縮公開鍵を利用する時には、HMAC-SHA512のデータとして公開鍵を利用していました。しかし、この方式には大きなリスクがあります。拡張鍵を利用して第三者のサービス上で子公開鍵やアドレスを生成している状況を考えてみましょう。子秘密鍵の生成には親秘密鍵やHMAC-SHA-512の前半32バイトなどを足し合わせていました。また、このサービスを利用しているということは親公開鍵と親チェーンコードが知られているということになります。この時、子秘密鍵が何らかの理由で流出してしまうと、同じ階層のすべての秘密鍵が特定されてしまいます。これは、子秘密鍵が親秘密鍵とその他の情報が単に足し合わされただけのため、すでに知られている親公開

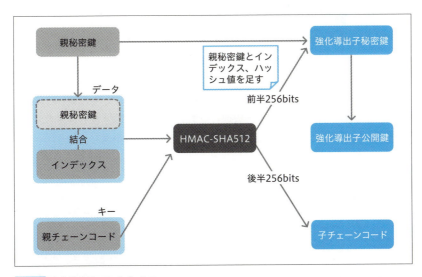

図9.7 強化導出鍵の生成プロセス

鍵と親チェーンコードなどを利用すると、以下のように逆算することで親秘密鍵
を特定できるためです。

子秘密鍵　＝　親秘密鍵　＋　その他の情報
　→　親秘密鍵　＝　子秘密鍵　－　その他の情報

　これでは、たとえ親秘密鍵をコールドウォレットに保管していたとしても、簡
単に第三者に知られてしまいます。このセキュリティ面への対策のために、公開
鍵ではなく秘密鍵をデータとして利用することが提案されました。この方式で生
成される鍵を強化導出鍵と言います。

9-3-8　HD ウォレットのパス

　HD ウォレットでは、URL のようにパスを用いてツリー構造における鍵の所在
を特定します。可読性を高めるためにスラッシュを使って世代ごとに区切ること
で構造を表現します。この時、マスター秘密鍵は m、マスター公開鍵は M で表現
されます。また、通常の鍵と強化導出鍵はアポストロフィの有無で区別し、通常
の鍵は 0、強化導出鍵は 0' と表現します。このように表現することで階層が深く
なっても区別できます。 表9.2 はパス表現の一例です。

表9.2 パス表現の例

m/0	マスター秘密鍵から生成された最初の子秘密鍵
M/2	3 番目の子の公開鍵
m/0/1'	最初の子の 2 番目の強化導出された子の秘密鍵

　しかし、無尽蔵に階層が深くなっていくと管理が大変です。そこで、パス構造
の各階層に意味を持たせることで管理しやすくする提案がなされています。この
提案では、以下のように 5 つの情報を持つ階層をそれぞれ用意し、わかりやすく
しています。

---

m / purpose' / coin_type' / account' /change / address_index

---

　purpose' ではウォレットの目的を表しており、44 か 49 が設定されます。44
は階層の意味をあらかじめ定義するという提案が BIP44（ MEMO 参照）で行われ

たことに由来します。49はSegWit（ MEMO 参照）が導入されたことにより設定
されました。

📋 **MEMO**

BIP

Bitcoin Improvement Proposalsの略であり、ビットコインをよりよくするために
世界中のエンジニアや研究者から提案される草案のこと。これまでビットコイン技術
のために数多くが議論され、中には実際に実装されたものも多いです。

- bitcoin/bips
  URL https://github.com/bitcoin/bips

📋 **MEMO**

SegWit

取引データから署名部分をwitnessと呼ばれる別の領域に格納することで、署名の
正しさを変更することなく取引データを改ざんできないようにしたり、取引データの
データサイズを圧縮したりする技術のことです。

---

　coin_type'は仮想通貨を特定するための情報が設定されます。ビットコインの
メインネットの場合は0、ビットコインのテストネットは1、ライトコインでは
2、イーサリアムでは60が設定されます。各仮想通貨への数字の割りあては
BIP44によって事前に定義されています。新しいコインをcoin_typeに登録する
ことも可能で、新規にコインへインデックスが割りあてられています。
　account'は口座に該当し、個人用、組織用といった形で使い分けることが可能
です。また、changeでは0と1のみが設定でき、それぞれ受け取り用とおつり用
の2種類が設定できます。address_indexの層の公開鍵で実際のアドレスを生成
します。 表9.3 はこのルールに則った一例です。

表9.3 BIP44に基づくパス表現の例

M/44'/0'/0'/0/0	最初のビットコイン口座に対する最初の受け取り用の公開鍵
M/44'/0'/1'/1/1	2番目のビットコイン口座に対する2番目のおつり用の公開鍵
M/44'/60'/1'/1/19	2番目のイーサリアム口座に対する20番目のおつり用の公開鍵

章 末 問 題

問1

各種ウォレットの特徴として正しいものを1つ選びなさい。

1. コールドウォレットはオンラインで鍵を管理する。
2. ホットウォレットはオンラインで鍵を管理する。
3. ハードウェアウォレットは鍵を長期的に保管するとデータが消える可能性
   が高い。

問2

非決定性ウォレットと決定性ウォレットについて間違っているものを1つ選びな
さい。

1. 非決定性ウォレットでは管理されている鍵同士に依存関係がない。
2. 決定性ウォレットは、生成した鍵すべてを管理する必要がある。
3. 決定性ウォレットは、大元となるシードのみを管理する必要がある。

問3

ビットコインの HDウォレットの特徴として間違っているものを1つ選びなさ
い。

1. HDウォレットは、シードと呼ばれる乱数から多くの鍵を生成する。
2. HDウォレットでは、1つの親鍵から1つの子鍵が生成される。
3. HDウォレットでは512ビットのハッシュ値を返すHMAC-SHA512を利
   用している。

問4

リスト9.4 のプログラムからさらに公開鍵を生成してみましょう。この公開鍵はマ
スターから1つ下の階層の公開鍵になります。

第10章 トランザクション

多くのブロックチェーンにとって重要な仕組みの1つとしてトランザクションが挙げられます。ここでは、すべてのブロックチェーンの原型であるビットコインにおけるトランザクションの仕組みを中心に理解しましょう。

10.1 ビットコインブロックチェーンのトランザクション

ビットコインのブロックチェーンにおけるトランザクションはinputとoutput、その他の関連するデータから構成されています。

10.1.1 ビットコインにおけるトランザクションデータの構造

ビットコインにおいてトランザクションデータの作成と管理はブロックチェーン技術における非常に重要な部分を占めます。トランザクションはどの金額が、どのように送金されたのかを表現するデータです。トランザクションデータ自体には、誰から誰にといった個人を特定するデータは含まれていませんが、秘密鍵や公開鍵を用いた電子署名を使うことで所有権を証明します。

ブロックチェーンはブロック同士が数珠状につながることで前後の依存関係を形成し全体の整合性を保ちます。トランザクションデータも同じく数珠のように連鎖する構造をしており、主にinputとoutputから構成されています（図10.1）。

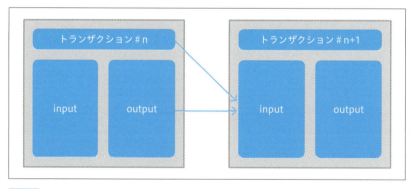

図10.1 トランザクションの構成

トランザクションデータの基本構造は表10.1のようになっています。

表10.1 トランザクションデータの構造

フィールド名	サイズ（バイト）	内容
Version	4	従っているルールを指定。通常は1。トランザクションの使用期間に制約をかける場合は2が指定される
Input counter	1〜9	このトランザクションデータに含まれているインプットデータの数
Inputs	可変	インプットデータのリスト
Output counter	1〜9	このトランザクションデータに含まれているアウトプットデータの数
Outputs	可変	アウトプットデータのリスト
Locktime	4	ここで値を設定すれば、ブロックに格納される時間を指定することができる

図10.1 と **表10.1** からわかる通りトランザクションデータはinputとoutput、その他の関連するデータから構成されており、一種のチェーンのような形をしています。

10-1-2 実際のトランザクションデータを確認

実際のトランザクションデータを確認してみましょう。**リスト10.1** のデータはトランザクションの生データの一例です。これはブロック高111111のブロックに含まれるトランザクションIDが0e942bb178dbf7ae40d36d238d559427429 641689a379fc43929f15275a75fa6のデータです。また、このデータはフルノードクライアントである「BitcoinCore」を利用して立てたフルノードで取得したデータです。なお、トランザクションIDはすべてのトランザクションデータに一意に設定されています。

リスト10.1 トランザクションの生データの一例

```
010000000245d50a313eb89a71bb501380334e58973b7b3c0fb4614f8645➡
d07d728b8574aa010000008c493046022100b3c7f1c56384c6145673b94f➡
a226af8d02a263a1ed9f3505fdf0e94cc681193e022100d677eb3cbb9b82➡
da961626ccfdc31a6041195123ae236b5ed1a34250c4163e73014104545e➡
7c6d2acc161567860039bc3068d4af5432b1afe34d2909bf8996b95c10a6➡
445692bc3f458a0503c45084f99329d5e90d84f21a52a5d11add62eb2634➡
```

```
0db2ffffffff49de1cd30c20d1f22a2e966b0d195d20b0f133e8de426f7d➡
1610525a64a09daf000000008b483045022100d4ea6ce46296548d38f02d➡
a337daebef00f443134f3b68f4ad8946a961728b0402207573dc96e32403➡
7d1934fa5105a517608364a2b273e694dce53714745fa135f4014104e896➡
67c1c2cf4eb91324debcc7742b8eb22406c59d6033794124efb7cce37b78➡
ddd5e3c3474aeb9dbf7689c9d36d776b7d21debe4d75142cb43a2529fb3a➡
6da4ffffffff0100286bee000000001976a914c1ac9042b50a9d2e7a6a1b➡
42bad66e61a9ec3f6b88ac00000000
```

このデータは16進数でシリアライズされたデータである点に注意が必要です。
このままだと可読性が低いですが、JSON形式に変換すると リスト10.2 のようにな
ります。

リスト10.2 JSON形式に変換

```
{
  "txid": "0e942bb178dbf7ae40d36d238d559427429641689a➡  ─────①
379fc43929f15275a75fa6",
  "hash": "0e942bb178dbf7ae40d36d238d559427429641689a37➡
9fc43929f15275a75fa6",
  "version": 1,
  "size": 405,
  "vsize": 405,
  "weight": 1620,
  "locktime": 0,
  "vin": [
    {
      "txid": "aa74858b727dd045864f61b40f3c7b3b97584e3380135➡
0bb719ab83e310ad545",
      "vout": 1,
      "scriptSig": {
        "asm": "3046022100b3c7f1c56384c6145673b94fa226af8d02➡
a263a1ed9f3505fdf0e94cc681193e022100d677eb3cbb9b82da961626cc➡
fdc31a6041195123ae236b5ed1a34250c4163e73[ALL] 04545e7c6d2acc➡
```

```
161567860039bc3068d4af5432b1afe34d2909bf8996b95c10a6445692bc➡
3f458a0503c45084f99329d5e90d84f21a52a5d11add62eb26340db2",
        "hex": "493046022100b3c7f1c56384c6145673b94fa226af8d➡
02a263a1ed9f3505fdf0e94cc681193e022100d677eb3cbb9b82da961626➡
ccfdc31a6041195123ae236b5ed1a34250c4163e73014104545e7c6d2acc➡
161567860039bc3068d4af5432b1afe34d2909bf8996b95c10a6445692bc➡
3f458a0503c45084f99329d5e90d84f21a52a5d11add62eb26340db2"
      },
      "sequence": 4294967295
    },
    {
      "txid": "af9da0645a5210167d6f42dee833f1b0205d190d6b962➡
e2af2d1200cd31cde49",
      "vout": 0,
      "scriptSig": {
        "asm": "3045022100d4ea6ce46296548d38f02da337daebef00➡
f443134f3b68f4ad8946a961728b0402207573dc96e324037d1934fa5105➡
a517608364a2b273e694dce53714745fa135f4[ALL] 04e89667c1c2cf4e➡
b91324debcc7742b8eb22406c59d6033794124efb7cce37b78ddd5e3c347➡
4aeb9dbf7689c9d36d776b7d21debe4d75142cb43a2529fb3a6da4",
        "hex": "483045022100d4ea6ce46296548d38f02da337daebef➡
00f443134f3b68f4ad8946a961728b0402207573dc96e324037d1934fa51➡
05a517608364a2b273e694dce53714745fa135f4014104e89667c1c2cf4e➡
b91324debcc7742b8eb22406c59d6033794124efb7cce37b78ddd5e3c347➡
4aeb9dbf7689c9d36d776b7d21debe4d75142cb43a2529fb3a6da4"
      },
      "sequence": 4294967295
    }
  ],
  "vout": [
    {
      "value": 40.00000000,
      "n": 0,
```

```
        "scriptPubKey": {
          "asm": "OP_DUP OP_HASH160 c1ac9042b50a9d2e7a6a1b42ba➡
d66e61a9ec3f6b OP_EQUALVERIFY OP_CHECKSIG",
          "hex": "76a914c1ac9042b50a9d2e7a6a1b42bad66e61a9ec3f➡
6b88ac",
          "reqSigs": 1,
          "type": "pubkeyhash",
          "addresses": [
            "1Jf48wufcDpPQ2EEgX1jUULuTHVzDhqBSF"
          ]
        }
      }
    ]
}
```

　冒頭の**0e942bb178dbf7ae40d36d238d559427429641689a379fc4
3929f15275a75fa6**は（ リスト10.2 ❶）、このトランザクションのIDです。ト
ランザクションにはそれぞれ一意にIDが設定されます。また**vin**と**vout**がそ
れぞれトランザクションのインプットデータとアウトプットデータを指していま
す。

　vinの配列の部分が、このトランザクションのインプット部分です。この例で
は、 図10.2 のように2つのインプットデータが格納されていることがわかりま
す。**txid**で参照するトランザクションIDを指定し、**vout**の部分で何番目のア
ウトプットデータを使っているのかを指定しています。このように**txid**と
voutを利用することで、どのトランザクションの、どのアウトプットデータを
参照しているのかを一意に定めることができます。今回の場合、1つ目のイン
プットデータでは、**txid**が**aa74858b727dd045864f61b40f3c7b3b975
84e33801350bb719ab83e310ad545**であるトランザクションの2つ目の
アウトプットデータを利用していることがわかります。

```
      {
        "txid": "aa74858b727dd045864f61b40f3c7b3b97584e33801350bb719ab83e310ad545",
        "vout": 1,
        "scriptSig": {
①        "asm": "3046022100b3c7f1c56384c6145673b94fa226af8d02a263a1ed9f3505fdf0e…
          "hex": "493046022100b3c7f1c56384c6145673b94fa226af8d02a263a1ed9f3505fdf…
        },
        "sequence": 4294967295
      }

      {
        "txid": "af9da0645a5210167d6f42dee833f1b0205d190d6b962e2af2d1200cd31cde49",
        "vout": 0,
        "scriptSig": {
②        "asm": "3045022100d4ea6ce46296548d38f02da337daebef00f443134f3b68f4ad89…
          "hex": "483045022100d4ea6ce46296548d38f02da337daebef00f443134f3b68f4ad…
        },
        "sequence": 4294967295
      }
```

図10.2 トランザクションのインプット部分

voutの配列の部分が、このトランザクションのアウトプット部分です。この例では、1つだけ格納されています。この中には金額や送金先のアドレスなどが含まれています。**asm**の部分は後ほど解説するスクリプトが含まれており、このアウトプットデータを利用するための条件が定義されています。

⑩-①-③ トランザクションデータを取得してみよう

すでに紹介したトランザクションデータは、BitcoinCoreでフルノードを立てて取得したデータでしたが、わざわざフルノードを立てなくとも公開APIを利用することでデータを取得できます。ここでは、その方法を確認してみましょう。まず、今回利用する公開APIはblockchain.infoというWebサービスを利用します。他にもsmartbitなどのサービスも利用できます。公開APIを利用すれば、自前ですべてのデータを持ち合わせなくとも必要なデータを取得できます。

PythonでAPIを利用する場合は、requestsというサードパーティ製のパッケージを利用します。このパッケージはHTTP通信を簡単に行うことができ、公開APIのURLを指定することでデータを提供や取得などといった操作を行うことができます。なお、利用する前に**pip install**のコマンドで事前にインストールする必要があります。

● [ターミナル]

```
$ pip install requests
```

さて、トランザクションデータの取得に移りましょう。まず、今回取得するトランザクションは、ブロック高11111のブロックに含まれているトランザクションIDが**0e942bb178dbf7ae40d36d238d559427429641689a379fc43929f15275a75fa6**のデータでした。これらの情報を踏まえて、トランザクションの生データを取得するには リスト10.3 のようなプログラムを実行します。

リスト10.3 公開APIからトランザクションの生データを取得するコード

```
import requests

APIURL = "https://blockchain.info/rawtx/"
TXID = "0e942bb178dbf7ae40d36d238d559427429641689a379fc➡
43929f15275a75fa6"


r = requests.get( APIURL + TXID + "?format=hex" )
print(r.text)
```

　インストールしたrequestsパッケージを利用したいので、冒頭で**import requests**を記述しています。次に定義しているAPIURL とTXIDは、APIを利用するための基本情報です。**APIURL**では今回利用する公開API（blockchain.info）のURLを指定しています。また、**TXID**では、今回対象としているトランザクションデータのIDを指定します。このように事前に基本情報を定義しておくことで、ソースコードの見通しを良くすることがよくあります。例えば、トランザクションIDを変えたり、利用する公開APIを切り替えたりする場合には、先ほど定義している部分だけを変えればよくなり、余計なエラーを防ぐことが可能です。

　requests.get(APIURL + TXID + "?format=hex") の部分では、引数にURLを指定することでblockchain.infoのAPIサーバーに対して**GET**メソッドを要求できます。**GET**メソッドはファイルやデータを要求するメソッドのため、クライアント側がほしいデータを取得できます。なお、URLの後ろに**?format=hex**を付けているのは、16進数で記述されたトランザクションデータを取得するためです。また、**.text**はレスポンスボディ部分をテキスト形式に変換するために付けています。ちなみに、リクエストした後返ってきたデータをレスポンスデータと言いますが、これはいくつかの部分に分かれており、要求したデータの中身が入っているのはその中のボディ部分です。そのため、レスポンスデータのボディ部分をテキスト形式にして出力することで、リスト10.4 のよ

うな結果を得ることができます。

リスト10.3 を実行すると リスト10.4 の結果が得られます。

リスト10.4 公開APIを利用して取得したトランザクションデータ

Out
```
010000000245d50a313eb89a71bb501380334e58973b7b3c0fb461➡
4f8645d07d728b8574aa010000008c493046022100b3c7f1c56384➡
c6145673b94fa226af8d02a263a1ed9f3505fdf0e94cc681193e02➡
2100d677eb3cbb9b82da961626ccfdc31a6041195123ae236b5ed1➡
a34250c4163e73014104545e7c6d2acc161567860039bc3068d4af➡
5432b1afe34d2909bf8996b95c10a6445692bc3f458a0503c45084➡
f99329d5e90d84f21a52a5d11add62eb26340db2ffffffff49de1c➡
d30c20d1f22a2e966b0d195d20b0f133e8de426f7d1610525a64a0➡
9daf000000008b483045022100d4ea6ce46296548d38f02da337da➡
ebef00f443134f3b68f4ad8946a961728b0402207573dc96e32403➡
7d1934fa5105a517608364a2b273e694dce53714745fa135f40141➡
04e89667c1c2cf4eb91324debcc7742b8eb22406c59d6033794124➡
efb7cce37b78ddd5e3c3474aeb9dbf7689c9d36d776b7d21debe4d➡
75142cb43a2529fb3a6da4ffffffff0100286bee000000001976a9➡
14c1ac9042b50a9d2e7a6a1b42bad66e61a9ec3f6b88ac00000000
```

リスト10.4 の結果とすでに紹介している16進数のトランザクションデータ
（リスト10.1 ）が一致していることを確認しておきましょう。しかし、これだけだ
と読みづらさが否めないので、もう少し整形したデータを取得しましょう。その
場合は リスト10.5 のプログラムを実行すれば取得できます。リスト10.3 との違いは、
引数のURLに **?format=hex** が付いていないことのみです。

リスト10.5 整形されたトランザクションデータを取得するコード

In
```
import requests

APIURL = "https://blockchain.info/rawtx/"
TXID = "0e942bb178dbf7ae40d36d238d559427429641689a379fc➡
43929f15275a75fa6"

r = requests.get( APIURL + TXID )
print(r.text)
```

リスト10.5 を実行すると、リスト10.6 のような整形されたデータが取得できます。
先に紹介したトランザクションデータ（リスト10.2）と若干フォーマットが異なっ
ていますが、ほぼ同じ内容であることがわかると思います。特に、**inputs** と
out のそれぞれのフィールドがあることやデータが比較的、詳細になっている点
などを確認しておきましょう。

リスト10.6 取得した整形されたトランザクションデータ

```
{
    "ver":1,
    "inputs":[
        {
            "sequence":4294967295,
            "witness":"",
            "prev_out":{
                "spent":true,
                "spending_outpoints":[
                    {
                        "tx_index":323218,
                        "n":0
                    }
                ],
                "tx_index":321153,
                "type":0,
                "addr":"1BNZJx7pM4GTqe8MgEZoji2fUS3fKnJH2i",
                "value":500000000,
                "n":1,
                "script":"76a91471c4f6b0f56fef3cbdbae6f2976➡
31a27ab159f9888ac"
            },
            "script":"493046022100b3c7f1c56384c6145673b94f➡
a226af8d02a263a1ed9f3505fdf0e94cc681193e022100d677eb3c➡
bb9b82da961626ccfdc31a6041195123ae236b5ed1a34250c4163e➡
73014104545e7c6d2acc161567860039bc3068d4af5432b1afe34d➡
2909bf8996b95c10a6445692bc3f458a0503c45084f99329d5e90d➡
```

```
84f21a52a5d11add62eb26340db2"
    },
    {
        "sequence":4294967295,
        "witness":"",
        "prev_out":{
            "spent":true,
            "spending_outpoints":[
                {
                    "tx_index":323218,
                    "n":1
                }
            ],
            "tx_index":323055,
            "type":0,
            "addr":"17vCmx3McuR3Z7ch2Nz83EoJN9J9p1dvdy",
            "value":3500000000,
            "n":0,
            "script":"76a9144be0a14399e3aad60a761f2e3f6➡
58902548423e788ac"
        },

"script":"483045022100d4ea6ce46296548d38f02da337daebef➡
00f443134f3b68f4ad8946a961728b0402207573dc96e324037d19➡
34fa5105a517608364a2b273e694dce53714745fa135f4014104e8➡
9667c1c2cf4eb91324debcc7742b8eb22406c59d6033794124efb7➡
cce37b78ddd5e3c3474aeb9dbf7689c9d36d776b7d21debe4d7514➡
2cb43a2529fb3a6da4"
    }
    ],
    "weight":1620,
    "block_height":111111,
    "relayed_by":"0.0.0.0",
    "out":[
```

```
      {
          "addr_tag_link":"https:\/\/bitcointalk.org\/➡
index.php?action=profile;u=4904",
          "addr_tag":"sanjay",
          "spent":false,
          "tx_index":323218,
          "type":0,
          "addr":"1Jf48wufcDpPQ2EEgX1jUULuTHVzDhqBSF",
          "value":4000000000,
          "n":0,
          "script":"76a914c1ac9042b50a9d2e7a6a1b42bad66e➡
61a9ec3f6b88ac"
      }
  ],
  "lock_time":0,
  "size":405,
  "double_spend":false,
  "block_index":125961,
  "time":1298920129,
  "tx_index":323218,
  "vin_sz":2,
  "hash":"0e942bb178dbf7ae40d36d238d559427429641689a37➡
9fc43929f15275a75fa6",
  "vout_sz":1
}
```

10.2 UTXO

　ビットコインでトランザクションを管理するための重要概念としてUTXOが
利用されています。

10.2.1 UTXO

UTXO は Unspent Transaction Output の略で、未使用のトランザクションアウトプットの意味です。ビットコインにおけるトランザクションではUTXOを利用することで取引を管理します（図10.3）。UTXOには複数に分割することができないという特徴があります。これは1000円札を半分にしても500円にならないのと同じイメージです。ユーザーが送金を行い、トランザクションを組成する際には、UTXOをかき集め支払いたい金額より大きくなるようにします。支払い金額より大きくなった場合は、おつり分を新しいアドレスに新しいUTXOを作り紐づけることで管理します。この時、消費されたUTXOはトランザクションインプットとして、生成されたUTXOはトランザクションアウトプットとしてトランザクションデータが生成されます。

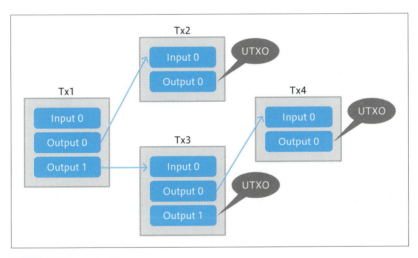

図10.3 UTXOのイメージ

前節で紹介したトランザクションデータの場合、`vout`に格納されているアウトプットデータが利用されていない場合、これがUTXOとなります。また、`vin`に格納されている2つのインプットデータはこのトランザクションが組成される時点では、UTXOだったということがわかります。

10.2.2 アカウントベース方式とUTXO方式

ブロックチェーンにおける仮想通貨やトークンの残高を管理する方式には大きく**アカウントベース方式**と**UTXO方式**があります（図10.4）。アカウントベース方式はそれぞれのアカウントがどれだけの金額を持っていて、そこにどれだけの金額が出入りしたのかを管理する方式です。一般的な銀行口座をイメージするとわかりやすいでしょう。イーサリアムではアカウントベース方式を採用しています。

一方、ビットコインのブロックチェーンではUTXO方式を採用しています。これは残高を計算する際に、利用されていないアウトプットデータをネットワーク上からかき集めることで算出します。ビットコインには残高という概念がそもそも存在しておらず、ウォレットがユーザーの利便性を高めるために便宜上、残高という用語を使っているのです。

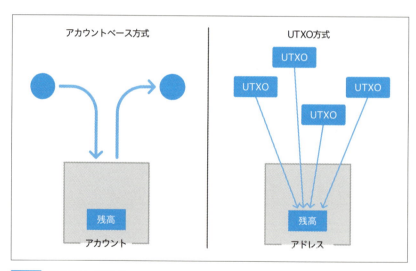

図10.4 残高管理方式の比較

それぞれ長所短所があるため一概にどちらがよいかは言えません。アカウントベース方式は単純であるため実装が簡単な上、スマートコントラクトで複雑な処理が扱いやすくなるメリットがあります。しかし、匿名性を高くすることが難しくなる欠点があります。

一方UTXO方式の場合は、匿名性を高くでき、拡張性を確保することが容易になるメリットがあります。加えて、二重支払い防止にも有効だとされています。しかし、欠点として実装が難しくなることが挙げられます（表10.2）。

表10.2 アカウントベース方式とUTXO方式

	アカウントベース方式	UTXO方式
長所	• 実装が簡単 • 複雑な処理が扱いやすい	• 匿名性を高めやすい • スケーラビリティを高めやすい • 二重支払いを防止しやすい
短所	• 匿名性を高めにくい	• 実装が複雑になる

⑩-②-③ UTXOを取得してみよう

　実際のUTXOを取得してみましょう。今回はblockchain.infoが提供している APIを利用します。UTXOはアドレスに紐づいているため、特定のアドレスを指定しなければいけませんが、ここでは「3FkenCiXpSLqD8L79intRNXUgjRoH9sjXa」を利用します。このアドレスはビットコインのクライアントである Bitcoin Coreを開発しているBitcoin.orgが公開しているアドレスです。

　UTXOを収集するプログラムは リスト10.7 の通りです。

リスト10.7 UTXOを収集するプログラム

```
import json
import requests

address = "3FkenCiXpSLqD8L79intRNXUgjRoH9sjXa"

res = requests.get("https://blockchain.info/➡    ❶
unspent?active=" + address)
utxo_list = json.loads(res.text)["unspent_outputs"]    ❷

print(str(len(utxo_list)) + "個のUTXOが見つかりました！")
for utxo in utxo_list:
    print(utxo["tx_hash"] + ":" + str(➡    ❸
utxo["value"]) + " satoshis")
```

　res = requests.get("https://blockchain.info/unspent? active=" + address) の部分で（ リスト10.7 ❶）、blockchain.infoの該当する URLから情報を取得しています。取得したデータはJSON形式のため、

`utxo_list = json.loads(res.text)["unspent_outputs"]`の部分
で（ リスト10.7 ❷ ）、jsonデータのうちUTXOに該当する部分である`"unspent_`
`outputs"`を`utxo_list`に抜き出しています。その後、`utxo_list`に格納
されているデータの個数を表示しています。また、for文を使うことで、`"tx_`
`hash"`と`"value"`を項目ごとに出力しています（ リスト10.7 ❸ ）。なお、
`satoshis`はビットコインの通貨の単位で、1BTC＝1億satoshisです。

　このコードを実行すると リスト10.8 のような出力が得られます。なお、UTXO
の状態によっては、具体的なデータの件数は変動する可能性があります。

リスト10.8 リスト10.7 の出力結果

> **Out**
>
> **158個のUTXOが見つかりました！**
>
> 8e3a96faac9e2594206c2f13d8254d2e4fb00de1fa5b2f42b90bf2 ➡
> 6de5cf215e:1000 satoshis
>
> f24ba491a636cd5f1f2dd52a1ccb01ea9fca94277418bdb3cc4faa ➡
> 6befd2b2a2:42342 satoshis
>
> ecae0c744fc1516be864ebaf32191a81b3697d456c99c706c909ef ➡
> 786949ae3d:1380700 satoshis
>
> c6cd29177eaf1b58b256f153774af0124f833b8d0d8f9a769922a5 ➡
> e1bdd0e3e2:5000 satoshis
>
> 36c7f1526323477d12ee597d770f23425b92ce6f9d1cd1849cd28b ➡
> 93cac5c6cf:800 satoshis
>
> fab59e9889f1c3717148e394cf60ce590f832acbad3db3fb586812 ➡
> aadb6c7350:28035 satoshis
>
> 80b719320843c434feb3efb4442aa2eed8e960e13e63aba2846cd1 ➡
> f97ecfa63a:1101960 satoshis
>
> 8d4dbb63eb502878337b85791b5ebc2960e3b1932d80f3adaa93ab ➡
> 130d5f3895:23816 satoshis
>
> c383cc5a1ed3666f85b13087804244a500a0d34a25ebd62bb2efe5 ➡
> 83b28291c8:56678 satoshis
>
> 1dd49710dcfce62af956eee4130322e11f099abf6177c19bcb37ff ➡
> 62736fdba9:29029 satoshis
>
> dfa6b3ff4d010db594ede969ff412b93021e4842ced361a425cabe ➡
> b0b95fc90a:255617 satoshis

```
af37c4cc9c94749f6224bcff75f545c3da97969906dc75d863515b ➡
5fb8fd2095:6340 satoshis
c24e29913b7f8c9defcf4adbedcfa29a52398726decebd7e8a0bb6 ➡
61a6e8e1d5:1139417 satoshis
13c9f498c026b334375ff697774fe7299da660d2eb6023b7585537 ➡
bb734e906f:136977 satoshis
5e9768b2133e1f94d13bfdf5c7a0130fe58a31cb06ede16b57fe8c ➡
4d131c1ffb:37600 satoshis
a1c52e63a1b9bf6074d73664f0ce467485dec72640147554e301cc ➡
9de8d7eaba:1101 satoshis
db9a72cfd96ac48c42c0726bf4aaea2bd1ba577c9020556b7db380 ➡
8404b402de:672 satoshis
b9f8478c0e2bd819e448a921c592ff261109d59514fea95fcc0d52 ➡
f0a18746ac:10716 satoshis
(…略…)
```

これらは前述のアドレス「3FkenCiXpSLqD8L79intRNXUgjRoH9sjXa」に
紐づけられているUTXOの一覧です。パブリックチェーンであるビットコイン
のため、全くの第三者の情報であっても、ある程度は公開されていることがわか
ります。

10.3 コインベース取引

マイニングに成功したマイナーはマイニング報酬を得ることができます。報酬
を獲得する取引をコインベース取引と言います。コインベース取引はこれまで
扱ってきた取引とは異なる性質を持っています。

10 3 1 コインベース取引

トランザクションはinputとoutputが連鎖しています。では、その連鎖の始点
はどのようになっているのでしょうか。その答えが**コインベース取引**です。コイ
ンベース取引とは、マイニングに成功した際に受け取るマイニング報酬を生成す

るためのトランザクションであり、他のトランザクションデータと異なりinput
の値を持ちません。つまり、消費するUTXOを持たない、ただ1つのトランザク
ションです。また、ネットワークにおけるすべてのUTXOの合計は、それまでに
発行されているビットコインの合計です。言い換えれば、コインベース取引は、
ビットコインのネットワークにおいてUTXOの合計値が増加する唯一のタイミ
ングと言うことができます。

10-3-2 実際のコインベース取引を確認しよう

コインベース取引を確認してみましょう。 リスト10.9 はコインベース取引の生
データです。ブロック高111111のコインベース取引データです。

リスト10.9 コインベース取引の生データ

```
0100000001000000000000000000000000000000000000000000000000000000➡
00000000000000ffffffff0704cd2d011b0112ffffffff0100f2052a0100➡
00004341047b8d5e4b08e71b4e21edc71dc2b5040c0fc6cd1b8446500a95➡
e44fce027d95d7bf74ad3f94e6068f2b94dd4daadcfffc7673044c71876b➡
7e7061531b35b6a0a5ac00000000
```

この生データをJSON形式に変換すると リスト10.10 のようになります。

リスト10.10 JSON形式に変換

```
{
  "txid": "e7c6a5c20318e99e7a2fe7e9c534fae52d402ef6544afd85a➡
0a1a22a8d09783a",
  "hash": "e7c6a5c20318e99e7a2fe7e9c534fae52d402ef6544afd85a➡
0a1a22a8d09783a",
  "version": 1,
  "size": 134,
  "vsize": 134,
  "weight": 536,
  "locktime": 0,
  "vin": [
    {
```

```
      "coinbase": "04cd2d011b0112",                        ❶
      "sequence": 4294967295
    }
  ],
  "vout": [
    {
      "value": 50.00000000,
      "n": 0,
      "scriptPubKey": {
        "asm": "047b8d5e4b08e71b4e21edc71dc2b5040c0fc6cd1b84➡
46500a95e44fce027d95d7bf74ad3f94e6068f2b94dd4daadcfffc767304➡
4c71876b7e7061531b35b6a0a5 OP_CHECKSIG",
        "hex": "41047b8d5e4b08e71b4e21edc71dc2b5040c0fc6cd1b➡
8446500a95e44fce027d95d7bf74ad3f94e6068f2b94dd4daadcfffc7673➡
044c71876b7e7061531b35b6a0a5ac",
        "reqSigs": 1,
        "type": "pubkey",
        "addresses": [
          "1Jyv1RNBcfic1dQwDTRXNnsJ9Xxpvqcr27"
        ]
      }
    }
  ]
}
```

　冒頭で紹介したトランザクションデータと比べるとインプット部分（**vin**部分）が異なっており、**coinbase**と書かれていることがわかります（ リスト10.10 ❶）。**coinbase**とはコインベース取引であることを示し、インプットとして参照するUTXOを持たないことを表しています。

10.4 スクリプト言語

ビットコインのトランザクションはスクリプト言語と呼ばれるシンプルな言語によって署名やその検証を行っています。

10.4.1 スクリプト言語

スクリプト言語とは、スタックと呼ばれるデータ構造を利用した言語で、スタックにデータを出し入れして保持するものです。このことをLIFO（Last In First Out）形式と言います。これは図10.5のように箱に積み木を入れていくようなもので、積み重ねていくような構造をしています。

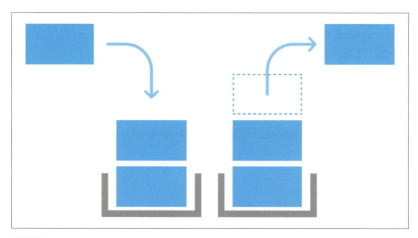

図10.5 スタックのイメージ

10.4.2 OP_CODE

ビットコインではOP_CODEと呼ばれるコードが利用されます。ビットコインのOP_CODEはチューリング不完全であり、**ステートレス**であるという特徴を持っています。チューリング不完全とは、複雑な分岐処理ができないような性質のことでPythonのような複雑なプログラムを記述することができません。また、ステートレスとはステート（状態）を持たないという性質のことであり、誰がいつどこでコードを実行しても同じ結果になるようになっています。これらの

特徴は、トランザクションデータを変更して改ざんできる可能性を低くすることで脆弱性の低減に貢献しています。

OP_CODEは、表10.3 のように命令とその内容が定義されています。これらのコードがトランザクションの署名やその検証などに利用されます。

表10.3 OP_CODEの代表例

命令	内容
OP_0、OP_FALSE	0をプッシュ
OP_1、OP_TRUE	1をプッシュ
OP_2 〜 OP_16	OP_nのnの部分をプッシュ
OP_DUP	スタックのトップ要素と同じデータをプッシュ
OP_HASH160	スタックのトップ要素をポップし、そのHash160のハッシュ値をプッシュ
OP_EQUAL	スタックのトップ要素とその下の要素をポップし、同じなら1、違うなら0をプッシュ
OP_VERIFY	スタックのトップ要素が0なら強制終了、そうでなければトップをポップ
OP_EQUALVERIFY	OP_EQUALを実行したのち、OP_VERIFYを実行する
OP_CHECKSIG	スタックのトップ要素をPubkey、その下の要素をsigとしてポップし、署名の検証を行い、成功すれば1、失敗すれば0をプッシュ
OP_RETURN	支払いに関係のない80バイトのデータをoutputに追加する

10.5 トランザクションの種類

ビットコインにおけるトランザクションにはいくつか種類があります。ここでは、その中でも代表的な3つを確認してみましょう。

10-5-1 Locking ScriptとUnlocking Script

トランザクションは、Locking ScriptとUnlocking Scriptの2種類のスクリプトから成り立っています。Locking Scriptはアウトプットで記述されているもので、UTXOを消費する場合に満たすべき条件を記述しています。一方、Unlocking Scriptはアウトプットを利用できるようにするためのスクリプトで

す。このロックとアンロックが繰り返し行われることで、トランザクションの連鎖が形成されます。

　実際のスクリプトはUnlocking Script→Locking Scriptの順に実行されます。Unlocking Scriptで指定されていた解除条件を実行した後に、Locking Scriptによって使用する条件をクリアするプロセスを踏むこととなります。仮にプロセスの中のどこかでエラーが発生した場合、UTXOを使用することができません。

10-5-2 トランザクションの種類

　ビットコインにおけるトランザクションには、スクリプトのあり方によってさまざまな種類が用意されています。ここで紹介するのはP2PKH、P2PK、P2SHの3種類です（表10.4）。複数の種類が存在する理由はいくつかあり、例えばトランザクションにおけるセキュリティを高めたり、利便性を高めたりするために考案されてきました。

表10.4 トランザクションのバリエーション

方式	説明
P2PKH（Pay-to-Public-Key-Hash）	公開鍵のハッシュ値をLocking
P2PK（Pay-to-Public-Key）	公開鍵をLocking Scriptに配置
P2SH（Pay-to-Script-Hash）	複雑なスクリプトをハッシュ値でシンプルにする

10-5-3 P2PKH（Pay-to-Public-Key-Hash）

　P2PKH方式は2019年9月現在、よく見かける方式で、outputに公開鍵のハッシュ値が配置されます。Locking ScriptとUnlocking Scriptは表10.5の通りです。

表10.5 P2PKHのスクリプト

Unlocking Script	<Signature> <Public Key>
Locking Script	OP_DUP OP_HASH160 <Public Key Hash> OP_EQUAL OP_CHECKSIG

　このスクリプトにおけるスタックの状態遷移は図10.6の通りです。

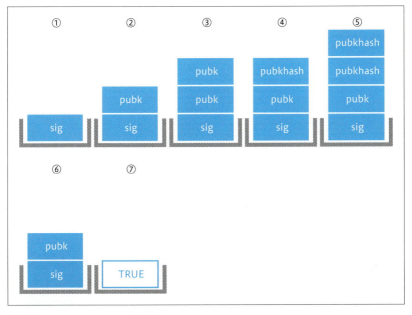

図10.6 P2PKHのスタックの状態遷移

　この方式のメリットは公開鍵をそのままLocking Scriptに配置するよりもデータ量を抑えられることです。これによりトランザクションの総量が多くなっても、データ量を節約できます。

10.5.4 P2PK（Pay-to-Public-Key）

　P2PK方式は、Locking Scriptに公開鍵を配置する方式です。初期に利用されていた比較的、古い方式です。Locking ScriptとUnlocking Scriptは表10.6の通りです。

表10.6 P2PKのスクリプト

Unlocking Script	\<Signature\>
Locking Script	\<Public Key\> OP_CHECKSIG

　このスクリプトにおけるスタックの状態遷移は図10.7の通りです。

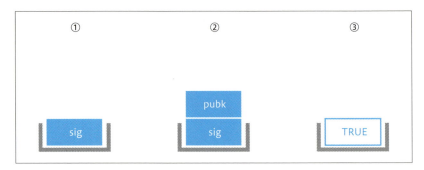

図10.7 P2PKのスタックの状態遷移

10-5-5 P2SH（Pay-to-Script-Hash）

　P2SH方式は新しい方式であり、より複雑な取引を扱うことができます。P2SH方式を理解するためにはマルチシグネチャについて理解する必要があります。マルチシグネチャとは、トランザクションのロックとアンロックにそれぞれ複数の鍵を使うものです。登録される公開鍵をN個、必要な署名数をM個とすると、M-of-Nと表現されます。マルチシグネチャは、ビットコインを複数人で管理する際に、より現実に即した形で安全に管理できるようにと考案された方式です。

　さて、マルチシグネチャをはじめとする複雑なトランザクションを扱う際、スクリプトが非常に複雑になります。必要な公開鍵が多くなる場合、Locking Scriptに公開鍵やそのハッシュ値が長く並んでしまいます。そこでP2SHでは、複雑なスクリプトを、暗号学的ハッシュ関数を用いてシンプルにします。2-of-3の場合、具体的には表10.7のようなスクリプトを使います。

表10.7 P2SHのスクリプト

Unlocking Script	OP_0 <signature A> <signature B> <Redeem Script>
Locking Script	OP_HASH160 <redeemScriptHash> OP_EQUAL
Redeem Script	2 pubkey A pubkey B pubkey C 3 OP_CHECKMULTISIG

　P2SHの場合、始めにRedeem ScriptとLocking Scriptが検証されます。Redeem ScriptからLocking Scriptの順にスタックへ実行されます。この結果が正しければ次に、Unlocking ScriptがRedeem Scriptを解除するために実行されます。

　P2SHは、P2PKHやP2PKと比べるとRedeem Scriptが新しく登場しており、

そのハッシュ値がLocking Scriptに配置されている点が特徴的です。複雑で冗長になっている部分を切り出して、ハッシュ化することでよりシンプルに扱うことができるようになっています。

章末問題

問1

トランザクションに関する記述について間違っているものを1つ選びなさい。

1. ビットコインのトランザクションはスクリプト言語で署名や検証を行っている。
2. トランザクションデータには、inputとoutputが含まれる。
3. トランザクションのデータは一定期間経つと削除される。

問2

UTXOに関する記述について正しいものを1つ選びなさい。

1. ネットワーク上のUTXOの合計はその時点で発行されているコインの合計と同じである。
2. すべてのブロックチェーンではセキュリティ面からUTXO方式を採っている。
3. UTXOは自由に分割することができる。

問3

アドレス「1RCJPNCX9xwhogzZ5XrKWDjpXF1qmSVXx」に紐づいているUTXOを収集しなさい。

第11章 Proof of Work

ネットワーク上のすべてのノードで正しい情報を共有する方法とし
てProof of Workが考案されました。ここからはブロックチェーン
技術の最重要技術の1つであるProof of Workについて詳しく
見ていきましょう。

11.1 Proof of Work

P2Pネットワークのような分散システムにおいて正しい情報を決定するために考案されたのが **Proof of Work**（PoW）です。

11-1-1 Proof of Workのプロセス

Proof of Work は 図11.1 に示すようなプロセスで行われます。

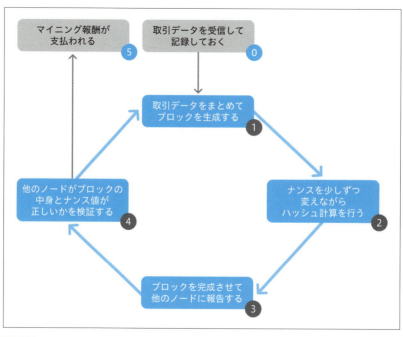

図11.1 Proof of Workのプロセス

暗号学的ハッシュ関数の性質を巧みに使うことで、ブロックや格納されているデータの整合性を保っていることがわかります。

11-1-2 Proof of Workで改ざんが難しい理由

　ブロックチェーンは改ざんに強いという性質を持っており、その根拠の1つがProof of Workです。新しいブロックが生成されると、そのブロックはチェーンの先端に接続されます。その際に大量のハッシュ計算が行われており、例えばブロックチェーンのどこかの部分のデータを変更すると、そこからつながるブロックのすべてのデータが変わってしまいます。もしも、変更したデータを正しいものにしたい場合は、連なるデータのハッシュ計算を再度し直してすべて書き換える必要がありますが、そのためにはProof of Workに基づいて極めて多くの計算リソースを投入しなければいけません。それには高性能のマシンが必要となり、もちろん多額の投資が必要になります。この時、そのような再計算が可能なリソースを確保できるのであれば、正規のマイニングを行ってマイニング報酬を得るほうが経済的に合理的であると考えられます。

　また、データを書き換えるような不正が発覚した場合、ビットコイン自体の価値が暴落すると考えられるため、保有している資産価値が激減してしまいます。このような背景があるため、ブロックチェーンは不正をするインセンティブを減らし、正規のマイニングをするインセンティブを与えることで正しく機能することができるのです。

　ちなみに、Proof of Workでは最も長いチェーンが正しいチェーンであるという決まりがあります。これは最長のチェーンは多くのマシンによってたくさんの計算（仕事、Work）が投入されたチェーンだとみなすことができるからです。

11.2　ブロックヘッダを作る

　Proof of Workはブロックヘッダをハッシュ化することで計算されます。ブロックヘッダの生成について確認してみましょう。

11-2-1 ブロックヘッダの復習

　ブロックヘッダは以下の内容（表11.1）を含む80バイトのデータでした。

表11.1 ブロックヘッダの中身

データ	説明	サイズ
Version	ビットフィールド	4バイト
prev block hash	1つ前のブロックのハッシュ値	32バイト
Merkleroot	ハッシュ関数を使って取引を要約したハッシュ値	32バイト
Time	ブロックが生成された時間を示すタイムスタンプ	4バイト
Difficulty bits	マイニングの難易度	4バイト
Nonce	マイニングで条件を満たしたNonce（ナンス）値	4バイト

　通常、マイニングを行う際には、ブロックヘッダのNonce（ナンス）以外の
データを確定した上でNonceの値を少しずつ変えながらハッシュ値を求めます。

11.3 Nonceを変えてハッシュ計算

　Nonceを除くブロックヘッダが生成できたら、Nonceを変えながらハッシュ
計算を行います。この時、一定の条件を満たすハッシュ値が見つかるまで繰り返
します。

11.3.1 ハッシュ計算のイメージ

　ハッシュ関数は入力値が少し変わるだけでも出力されるハッシュ値は大きく変
化します。そのため、出力値から入力値を推測することは不可能とされています。
マイナーはハッシュ計算を行う際に、Nonceを少しずつ変えながら総あたりで
計算する他ありません。ハッシュ関数において入力値の変化に対して、どのくら
い出力値が変わるのかをプログラムで確認してみましょう。

　リスト11.1 のプログラムは、「**satoshi**」という文字列に対して、Nonceに該
当する数字を1ずつ加えながらハッシュ値を出力するものです。Nonceとして0
〜19までの20個を使っています。

リスト11.1 少しずつ値を変えた時のハッシュ値の計算

In
```python
import hashlib

input_text = "satoshi"

for nonce in range(20):
    input_data = input_text + str(nonce)
    hash = hashlib.sha256(input_data.encode("UTF-8")).➡
hexdigest()
    print(input_data + " → " + hash)
```

　このプログラムでは、**input_data = input_text + str(nonce)** の部分で、satoshiとNonceを結合して、**hashlib.sha256(input_data. encode("UTF-8")).hexdigest()** によってハッシュ値を得ています。Nonceはfor文によって0〜19までの20パターンを繰り返し実行しています。このプログラムを実行すると **リスト11.2** のような結果が得られます。

リスト11.2 少しずつ値を変えた時のハッシュ値の計算

Out
```
satoshi0 → 4f9f790663d4a6cdb46c5636c7553f6239a2eca0319➡
4bb8e704c47718670faa0
satoshi1 → 0952ab89f7cb3010a3048adcbd58b43c9e82c61622a➡
c2d8893ff7c568f55c0bf
satoshi2 → 43c1badd8834f74a03471ef4f51e2d9f69c4fb9bbb4➡
76aeb2bd6ac4e41432aa1
satoshi3 → b8a25eafd4a22ba5d4510cfd5afe628a3497e42cd18➡
bf8d35e736c260d967a27
satoshi4 → be36eed769f4fa336843a5808bda6ef029d5cc9a917➡
e14bb38f6d740cefc29ac
satoshi5 → 1db1ebb2c528d0527b609b27c1d363f057e64d0c6e0➡
45dda339c860d726b23d8
satoshi6 → 445cb342afee90ebbd82490006a54f70646e1be2019➡
61d849c033bbaf36dcba1
satoshi7 → 8dabdf2893aa4693f36da21a5a32ddbf944f1a7e405➡
c5c5ce30cdfa2458b99e4
```

```
satoshi8 → ca35ad0c5f723110b34510b7396614f4d0b4a94081d ➡
b918252009a53cf830da6
satoshi9 → 659edacbf0973449d9e1b3fa5c47f15411acd7ffa52 ➡
a8d334dd1c7fd546a4cd5
satoshi10 → 7388c143e1d4a951fb684798f39c30136019624eb8 ➡
a339e176c4fd6bae4f01ef
satoshi11 → 7ad1b4eb050e4538e9fde9ee378ce7f979bd922d1e ➡
6ba9576c6ee5ac63648739
satoshi12 → 18d541974dd684ae87f69f18debafed9bd44ab50b7 ➡
6d27b5175ec580524681f0
satoshi13 → 6633993ec7430ef4ce49d2a541d40fd5a3fb406912 ➡
8d3626661bd75114909ad5
satoshi14 → cc53b18c134fc60dd99e8d7b6025996b3e782045f8 ➡
effb3d0a68992fbd65c2b3
satoshi15 → e22d46cf55a0b046cf0743da9a014b9c3bd9b50b30 ➡
085cbd0edb1648d483f4fe
satoshi16 → b66b71f3127b4bde44ca8007ad3ae52a56060e8877 ➡
de2b7b6fa6d0d53d412f3c
satoshi17 → 1289e0fa01d44d5d11a4c79a1508308c46d8e27089 ➡
8524312eb8325bdc73bb80
satoshi18 → 288e50d9d3ecdb9cce7ba388080d7adf01e91dfade ➡
6ba78ee5f31c7642135c5d
satoshi19 → a4d8586fdc9529f56a53236f54f78b57b7538ccd08 ➡
dca50f327ca15d82ef05f6
```

　出力結果からわかる通り、Nonceが1ずつ変わっても出力されるハッシュ値は
ランダムであり推測できません。

Ⅱ-3-2 Difficulty bitsとDifficulty Target

　Proof of Workにおいて計算されるハッシュ値が満たすべき条件はどのよう
に設定されているのでしょうか。その答えはブロックヘッダのDifficulty bitsに
あります。この4バイトのフィールドには、ハッシュ値が満たすべき条件が整理
されています。

Difficulty bitsは0x1e777777のような形で記述されています。これは前半1バイトと後半3バイトに分解して解釈します（図11.2）。

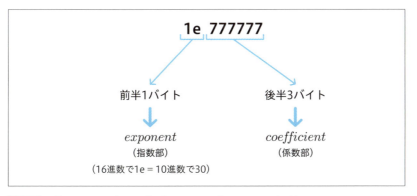

図11.2 Difficulty bitsの考え方（Difficulty bitsが1e777777の場合）

前半1バイトは$exponent$、後半3バイトは$coefficient$や$value$と表現され、「右から$exponent$バイト目から、$coefficient$が始まる32バイトの値」と読み換えることができます。Proof of WorkにおいてブロックヘッダはDouble-SHA256でハッシュ化されるため、出力されるハッシュ値は32バイトとなります。32バイトのハッシュ値が、「右から$exponent$バイト目から、$coefficient$が始まる32バイトの値」よりも小さくなることが成功の条件です。この時、「右から$exponent$バイト目から、$coefficient$が始まる32バイトの値」を$Difficulty\ Target$と言います（図11.3）。

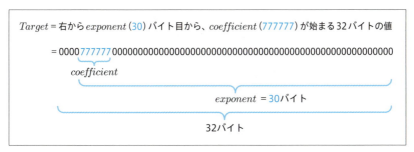

図11.3 Targetの算出方法（Difficulty bitsが1e777777の場合）

実際にbitsから$Target$に変換する際は以下の計算式を用います。

$$Target = coefficient \times 2^{8(exponent-3)}$$

この計算式に基づき「**0x1e777777**」を変換するプログラムは リスト11.3 のようになります。

リスト11.3 Difficulty bits から Target を計算

```
# difficulty_bits = 0x1e777777
# exponent = 0x1e
# coefficient = 0x777777


target = 0x777777 * 2**(8*(0x1e - 0x03))
print(target)


# 10進数→16進数
target_hex = hex(target)[2:].zfill(64)
print(target_hex)
```

リスト11.3 のコードは、リスト11.4 のように出力されます。上段の数値は Difficulty Target の10進数表示、下段の数値は16進数表示です。なお、16進数表示は、0でパディングして全部で32バイトになるようにしています。**.zfill()** は引数で指定した桁数になるように右詰で0でパディングするメソッドです。また、**hex(target)[2:]** として最初の2文字を除外しているのは、16進数表示を示す0xが含まれてしまうためです。

リスト11.4 リスト11.3 の出力結果

```
824528581084176575145518374651615721673290736390910993 ➡
5338309752580997112
00007777770000000000000000000000000000000000000000000000 ➡
0000000000
```

⑪-③-③ ブロックヘッダのハッシュ化

ブロックヘッダを生成し、**nonce** の値を少しずつ変えてハッシュ値を計算するプログラムの一例は リスト11.5 のようになります。Proof of Work の一連のプロセスを確認してみましょう。

リスト11.5 簡易的な Proof of Work の実装

```python
import hashlib


class Block():
    def __init__(self, data, prev_hash):
        self.index = 0
        self.nonce = 0
        self.prev_hash = prev_hash
        self.data = data

    def blockhash(self):
        blockheader = str(self.index) + str(
self.prev_hash) + str(self.data) + str(self.nonce)
        block_hash = hashlib.sha256(
blockheader.encode()).hexdigest()
        return block_hash

    def __str__(self):
        return "Block Hash: " + self.blockhash() +
"\nPrevious Hash: " + self.prev_hash + "\nindex: " +
str(self.index) + "\nData: " + str(self.data) +
"\nNonce: " + str(self.nonce) + "\n--------------"


class Hashchain():
    def __init__(self):
        self.chain = ["00000000000000000000000000000000
0000000000000000000000000000000"]

    def add(self, hash):
        self.chain.append(hash)


hashchain = Hashchain()
target = 0x777777 * 2**(8*(0x1e - 0x03))
```

```
for i in range(30):
    block = Block("Block " + str(i+1), hashchain.chain[-1])
    block.index = block.index + i + 1
    for n in range(4294967296):
        block.nonce = block.nonce + n
        if int(block.blockhash(), 16) < target:
            print(block)
            hashchain.add(block.blockhash())
            break
```

❷

　リスト11.5 のプログラムは**Block**と**Hashchain**という2つのクラスから成り立っています。まず、**Block**クラスでは（ リスト11.5 ❶）、ブロックのインデックスや1つ前のブロックのハッシュ値などの変数を定義しています。

　blockhashメソッドでは、ブロックヘッダを作成した後に、**sha256**でハッシュ化してブロックヘッダのハッシュ値を求めています。返り値として、**block_hash**を設定しています（ リスト11.6 ）。

リスト11.6 blockhashメソッド

```
def blockhash(self):
    blockheader = str(self.index) + str(self.prev_hash) + ➡
str(self.data) + str(self.nonce)
    block_hash = hashlib.sha256(blockheader.encode( ➡
'utf-8')).hexdigest()
    return block_hash
```

　また、特殊メソッドである**__str__**を利用することで、ブロックの情報を出力するようにしています。

　Hashchainクラスでは（ リスト11.5 ❷）、算出されるハッシュ値の処理を定義しています。まず変数として、**chain**を定義し、配列を用意しています。配列に32バイトの0が格納されているのは、最初のマイニングでは**prev_hash**として参照できるハッシュ値が存在しないため、すべてが0の値を格納しています。**add**メソッドは、算出されたハッシュ値を用意した**chain**の配列に格納していく処理を定義しています。**.append()**を利用することで配列の一番後ろに追加

することができます。

　Hashchainクラスは**hashchain**としてインスタンス化します。また、マイニングの難易度として、**target**を算出しています。ここでは、11.3.2項で扱った1e777777をDifficulty bitsとしてTargetを計算しています。

　リスト11.7 ではfor文が2重になっています。1行目のfor文では**Block**クラスからブロックをインスタンス化し、その**Block**インスタンスのインデックスの値を1つ増やします。4行目のfor文はNonceを次々に変えることで条件に合うハッシュ値を計算しています。4行目のfor文で**range**の引数に**4294967296**を指定しているのは、Nonceが4バイトの16進数で表現されるため、4バイトで表現できるNonceは16の8乗の4,294,967,296通りとなります。なお、4バイトの16進数で表現できる最大の数はffffffffです。

リスト11.7 　マイニング処理の実装

```
for i in range(30):
    block = Block("Block " + str(i+1), hashchain.chain[-1])
    block.index = block.index + i + 1
    for n in range(4294967296):
        block.nonce = block.nonce + n
        if int(block.blockhash(), 16) < target:
            print(block)
            hashchain.add(block.blockhash())
            break
```

　targetとして設定している値よりもハッシュ値が小さい時、ブロックを追加してブロックのデータが出力されます。このことは リスト11.8 で処理しています。ハッシュ値を**int()**を使って10進数の整数にすることで、同じく整数である**target**と比較できるようにしています。**int()**は第1引数に文字列、第2引数に何進法と見なすかを指定します。この場合、ハッシュ値を16進数と見なして10進数の整数に変換しています。

リスト11.8 　ハッシュ値とターゲットの比較

```
if int(block.blockhash(), 16) < target:
```

　この条件に合わない場合は、Nonceを1だけ増やして再度試行します。このよ

うにループさせることで、マイニングの処理を行います。

11 3 4 条件に合うハッシュ値が見つからない場合

　ところで、Nonceはブロックヘッダのうち、4バイトを占めています。16進数で表現されるため、4バイトで表現できるNonceは16の8乗の約43億通りとなります。条件に合うハッシュ値がこのNonceで発見できるかどうかわかりませんし、見つからない場合もあります。その場合、いくつかの方法で調整して計算を行います。

　まず簡単な例は、ブロックヘッダのタイムスタンプを調整するケースです。マイニングは世界中のマシンを用いて行われるため、それぞれのマシン内の時計が互いにずれている可能性は高いと言えます。実際のブロックチェーンで利用されているタイムスタンプは正しくなく、ブロックの前後関係とタイプスタンプの前後関係が逆転している場合すらあります。そのため、タイムスタンプを少しずつ調整することでハッシュ計算の値を調整することがあります。

　また、Extra nonceを利用するケースもあります。Extra nonceとは、ブロックヘッダ以外に含まれるナンスのことで、具体的にはコインベース取引のinput領域にあるcoinbase scriptの8バイトを利用します。コインベース取引はトランザクションデータであるため、他のデータとまとめて要約されてマークルートに集約されます。当然コインベース取引のデータを変更すれば、マークルートの値も変動し、それによりブロックヘッダのハッシュ値も変わります。つまり、コインベース取引のデータもブロックヘッダにあるNonceと同じように調整対象と見なすことができます。

章 末 問 題

問1

Proof of Workに関する記述として間違っているものを1つ選びなさい。

1. Proof of Workでは、前のブロックのブロックヘッダにSHA-256を1回だけ掛ける。
2. ネットワーク全体のハッシュパワーが高くなれば、難易度が高くなる。
3. Proof of Workは、分散ネットワーク上で一意の情報を定めるためのプロセスである。

問2

Proof of Workのプロセスに関する記述として間違っているものを1つ選びなさい。

1. Nonceを変えてハッシュ計算を繰り返すことで条件に合うハッシュ値を探す。
2. ビットコインのブロックチェーンでは、マイニングは約10秒で完了する。
3. ハッシュ値からNonceを推測することは極めて困難なので総あたりで計算する。

問3

Proof of Workの難易度について正しいものを1つ選びなさい。

1. 難易度はブロックヘッダに4バイトのデータとして格納されている。
2. Difficulty bitsは前半2バイトと後半2バイトに分解して解釈する。
3. 難易度が高ければ高いほどマイニング報酬が高くなる。

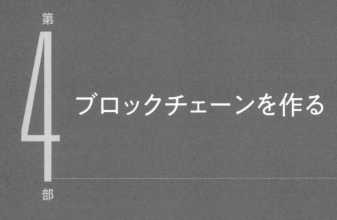

第4部 ブロックチェーンを作る

ここからは、実際に簡単なブロックチェーンを作ることでブロックチェーン技術への理解をより深めていきましょう。

第12章　実装するブロックチェーンの概要を
　　　　確認しよう
第13章　プレーンブロックチェーンを作ろう
第14章　カスタマイズしてみよう

第12章 実装するブロックチェーンの概要を確認しよう

第11章まではブロックチェーンとPythonの基本について確認してきました。本章からは実際にブロックチェーンを実装して理解をより深めていきましょう。

12.1　実装するブロックチェーン

今回実装するブロックチェーンの構造や機能について整理しましょう。ブロックチェーンの大まかな仕組みを実現してみましょう。

12.1.1　実装するブロックチェーンの構造

本書で実装するブロックチェーンは非常に簡易的なものですが、ブロックチェーンの大まかな仕組みを理解することができます。次章の第13章ではプレーンなブロックチェーンを実装します。このプレーンブロックチェーンは、基本的なマイニングやターゲットの計算、ジェネシスブロックの生成など基本的な仕組みを備えています（図12.1）。その後の第14章では、第13章で実装したプレーンブロックチェーンをカスタマイズして、いくつか機能を増やします。具体的には、マークルルートの計算と難易度調整（retargeting）を扱います。マークルルートはすでにこれまで紹介している通り、ブロック内に格納されているトランザクションをマークルツリーと呼ばれるデータ構造とハッシュ関数を利用して要約したデータです。実際には、ブロックヘッダの一部としてブロック内のトランザクションに関わる重要なデータとして扱われています。また、難易度調整は、マイニングにかかる時間に応じて難易度を上げ下げすることにより、目標とする時間でマイニングがコンスタントに成功するように調整するものです。

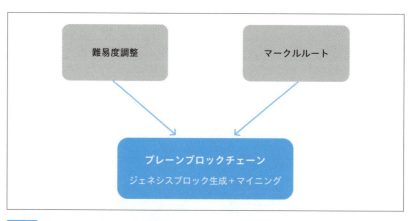

図12.1　プレーンブロックチェーンの構造

プレーンブロックチェーンのプログラムでは、**Block**クラスで1つひとつの
ブロックの状態を扱い、**Blockchain**クラスでそれらのブロックの接続に関す
る状態を扱っています。これら2つのクラスが、マイニングに関わる処理や、
ジェネシスブロックや新規ブロックの生成の過程で利用されることでブロックを
生成していく様子を確認できるようにしています。

⑫-❶-❷ 機能について

プレーンブロックチェーンの持つ主な機能は以下の通りです。

- ブロックの構築
- Difficulty bits（以下 bits）からのターゲットの計算
- マイニング
- ジェネシスブロックの生成
- 新規ブロックの接続

もちろん、実際のビットコインのブロックチェーンにはもっと多くの機能（例
えば、ウォレット機能やP2Pネットワークなど）が実装されていますが、本書の
目的はブロックチェーンの基本的な構造を理解することなので、実装する機能を
上記に厳選しました。

⑫-❶-❸ カスタマイズについて

上記のプレーンブロックチェーンの機能に加えて、マークルルートの計算と難
易度調整といった機能を付加します。基本的にそれぞれの概要と実装する際の方
向性について紹介します。章末問題として、プレーンブロックチェーンに組み込
む課題をヒント付きで出題しているので、ぜひチャレンジしてみてください。

12.2 実装にあたっての留意点

実装するにあたって、留意点があります。これまで、ビットコインのブロック
チェーンを中心にコードも交えつつ解説しましたが、プレーンブロックチェーン
はあくまで学習目的である点に留意してください。

12-2-1 初学者を想定した構築

　本書は、ブロックチェーンやPythonの初学者が読まれることを想定しています。そのため、実装しているプレーンブロックチェーンは初学者が理解しやすいようなコードを心がけて実装しています。本書で解説したような基本的な文法さえ理解していれば、時間をかけることで初学者でも読み解けるようにしています。

　一方で、上記の理由のために比較的、冗長な記述もあります。実際、Pythonにはコードをシンプルにしたり処理を速くしたりするために、さまざまな便利な機能や記法が用意されています。例えば、内包表記やクラス継承などがこれにあたります。内包表記は **リスト12.1** のように、条件分岐や繰り返し処理を短縮して記述できる表記方法です。内包表記を使うことでコードを少なくできると同時に、実行時間も短くできるメリットがあります。

リスト12.1 内包表記の例①

```
double1 = [i*2 for i in range(5)]
print(double1)
```

Out
```
[0, 2, 4, 6, 8]
```

　この内包表記での処理は、**リスト12.2** のfor文を使った処理と同じ意味を持っています。

リスト12.2 内包表記の例②

```
double2 = []
for i in range(5):
    double2.append(i*2)
print(double2)
```

Out
```
[0, 2, 4, 6, 8]
```

　また、クラス継承はオブジェクト指向言語の特徴であり、あるクラスから別のクラスの情報を利用できるようにする方法です。子クラスから親クラスの変数や

メソッドを利用することでよく似たクラスを簡単に実装することができます。

　これらのPythonの機能は非常に便利であり、使いこなせると可読性も処理速度も向上しますが、初学者には少々負担がかかるものでもあります。そのため、今回はごく基本的な文法で読み解けるような実装を目指しています。もしも、より洗練されたコードを目指したい場合は、今回のプログラムを軸に内包表記をはじめとする便利な記法を利用してコードを改良してみるのも学習にはよいでしょう。

⑫-②-② 実用には使えない

　ビットコインやイーサリアムのブロックチェーンは、世界中の優秀なエンジニアによって開発が進められており、時間をかけてセキュリティ面や機能面が改良されています。今回実装するものは機能面、セキュリティ面からも実用に耐えるものではありませんので、あくまで学習用としての利用にとどめてください。

　また、ブロックチェーンの輪郭を理解することが本書の目的としているため、あえてウォレット機能やトランザクションデータ生成機能は実装していません。この意味でも、実用に耐えられるものではないので留意してください。

⑫-②-③ マイニングの成功時間

　マイニングの成功時間は **Blockchain** クラスで定義している **bits** の値によって調整されます。プレーンブロックチェーンの初期設定では、**"1e777777"** で設定しておりマイニングは数秒で成功します。この部分を **"1d777777"** に変更するとマイニングにおおよそ2分から4分かかるようになります。

　初期設定では、ジェネシスブロックも合わせて31個のブロックが生成されるため、**bits** を **"1d777777"** で実行した場合、すべてのブロックが生成されるまで1時間ほどかかります。もちろん、数秒でマイニングが成功する場合や、10分ほどかかる場合もあるため、時間がどのくらいかかるかは一概には言えません。そのため、プログラムを実行したらしばらく放置して、マイニングが進むのを待ちつつ様子を見てください。プログラムを実行しながら、本書を読み進めるのもよいでしょう。実行してすぐに表示されない場合もエラーではありませんので、留意ください。

第13章 プレーンブロックチェーンを作ろう

実際に簡易的なブロックチェーンを実装して、より理解を深めます。本書で扱ったブロックチェーンやPythonの基本事項を確認しながら実装していきましょう。

13.1 プレーンブロックチェーン

　ここでは、プレーンブロックチェーンの全容について確認しましょう。細かい内容よりも出力結果や大まかな処理の流れを理解しましょう。

13-1-1 プレーンブロックチェーンの実装

　プレーンブロックチェーンのプログラムは リスト13.1 の通りです。

リスト13.1 　プレーンブロックチェーン

```python
import hashlib
import datetime
import time
import json


INITIAL_BITS = 0x1e777777
MAX_32BIT = 0xffffffff


class Block():
    def __init__(self, index, prev_hash, data, ➡
timestamp, bits):
        self.index = index
        self.prev_hash = prev_hash
        self.data = data
        self.timestamp = timestamp
        self.bits = bits
        self.nonce = 0
        self.elapsed_time = ""
        self.block_hash = ""

    def __setitem__(self, key, value):
        setattr(self, key, value)
```

```python
    def to_json(self):
        return {
            "index"      : self.index,
            "prev_hash"  : self.prev_hash,
            "stored_data" : self.data,
            "timestamp"  : self.timestamp.
strftime("%Y/%m/%d %H:%M:%S"),
            "bits"       : hex(self.bits)[2:].➡
rjust(8, "0"),
            "nonce"      : hex(self.nonce)[2:].➡
rjust(8, "0"),
            "elapsed_time": self.elapsed_time,
            "block_hash" : self.block_hash
        }

    def calc_blockhash(self):
        blockheader = str(self.index) + str(self.prev_➡
hash) + str(self.data) + str(self.timestamp) + ➡
hex(self.bits)[2:] + str(self.nonce)
        h = hashlib.sha256(blockheader.encode()).➡
hexdigest()
        self.block_hash = h
        return h

    def calc_target(self):
        exponent_bytes = (self.bits >> 24) - 3
        exponent_bits = exponent_bytes * 8
        coefficient = self.bits & 0xffffff
        return coefficient << exponent_bits

    def check_valid_hash(self):
        return int(self.calc_blockhash(), 16) <= ➡
self.calc_target()
```

```python
class Blockchain():
    def __init__(self, initial_bits):
        self.chain = []
        self.initial_bits = initial_bits

    def add_block(self, block):
        self.chain.append(block)

    def getblockinfo(self, index=-1):
        return print(json.dumps(self.chain[index].to_➡
json(), indent=2, sort_keys=True, ensure_ascii=False))

    def mining(self, block):
        start_time = int(time.time() * 1000)
        while True:
            for n in range(MAX_32BIT + 1):
                block.nonce = n
                if block.check_valid_hash():
                    end_time = int(time.time() * 1000)
                    block.elapsed_time = \
str((end_time - start_time) / \
    1000.0) + "秒"
                    self.add_block(block)
                    self.getblockinfo()
                    return
            new_time = datetime.datetime.now()
            if new_time == block.timestamp:
                block.timestamp += datetime.➡
timedelta(seconds=1)
            else:
                block.timestamp = new_time

    def create_genesis(self):
```

```python
        genesis_block = Block(0, "000000000000000000000➡
000000000000000000000000000000000000000000000", "ジェネシス➡
ブロック", datetime.datetime.now(), self.initial_bits)
        self.mining(genesis_block)

    def add_newblock(self, i):
        last_block = self.chain[-1]
        block = Block(i+1, last_block.block_hash, ➡
"ブロック " + str(i+1), datetime.datetime.now(), ➡
last_block.bits)
        self.mining(block)

if __name__ == "__main__":
    bc = Blockchain(INITIAL_BITS)
    print("ジェネシスブロックを作成中・・・")
    bc.create_genesis()
    for i in range(30):
        print(str(i+2) + "番目のブロックを作成中・・・")
        bc.add_newblock(i)
```

　本書の冒頭で解説した基本的な文法を軸に記述しています。for文とif文といった基本的な文法を多用しているため、本書の前半部分をしっかりと読めば何とか処理を追いかけられると思います。

13-1-2 出力結果

　リスト13.1のプログラムを実行するとリスト13.2のような出力を得られます。なお、この出力結果は可読性を高めるためにJSON形式で表示されます。

リスト13.2 リスト13.1の出力結果（JSON形式）

```
Out  ジェネシスブロックを作成中・・・
     {
       "bits": "1e777777",
```

```
  "block_hash": "00001d59488a4b55934a65e6d45b88861ea3a2➡
912d3a8f9e3399943edd6c50f6",
  "elapsed_time": "0.008 秒",
  "index": 0,
  "nonce": "000006b7",
  "prev_hash": "0000000000000000000000000000000000000000➡
000000000000000000000000",
  "stored_data": "ジェネシスブロック",
  "timestamp": "2019/09/25 14:48:19"
}
2番目のブロックを作成中・・・
{
  "bits": "1e777777",
  "block_hash": "00001fc548c730fecebf483f1487c328bb2824➡
4dfbbb9d29ca49eae93882699b",
  "elapsed_time": "0.207 秒",
  "index": 1,
  "nonce": "0000b66a",
  "prev_hash": "00001d59488a4b55934a65e6d45b88861ea3a29➡
12d3a8f9e3399943edd6c50f6",
  "stored_data": "ブロック 1",
  "timestamp": "2019/09/25 14:48:19"
}

(…略…)

30番目のブロックを作成中・・・
{
  "bits": "1e777777",
  "block_hash": "00004fd9830c870246bc18de7dfe91951514cc➡
457b9827b1bd8d06366e6dfcd9",
  "elapsed_time": "0.064 秒",
  "index": 29,
  "nonce": "00003917",
```

```
    "prev_hash": "00004c375ed8d8090300a1ee9e96e60abb128bf➡
bb7b8fed3c50b32fa2f5c1921",
    "stored_data": "ブロック 29",
    "timestamp": "2019/09/25 14:48:34"
}
31番目のブロックを作成中・・・
{
    "bits": "1e777777",
    "block_hash": "0000613fc472c4e2eaf722408cb9be93a5afa1➡
94718d9d86fef5b55fdeff2d7b",
    "elapsed_time": "1.734 秒",
    "index": 30,
    "nonce": "0005b9e4",
    "prev_hash": "00004fd9830c870246bc18de7dfe91951514cc4➡
57b9827b1bd8d06366e6dfcd9",
    "stored_data": "ブロック 30",
    "timestamp": "2019/09/25 14:48:34"
}
```

上記の出力結果からさまざまなことが読み取れますが、最も重要な点は、次の
ブロックに1つ前のブロックのハッシュ値が格納されている点です。この結果の
場合だと、**blockhash**がそのブロックのハッシュ値で、**prev_hash**は1つ前
のブロックのハッシュ値です。前後のブロック間でこれらが一致していることが
わかります。

リスト13.1 の **INITIAL_BITS** の値を、**"1e777777"** から **"1d777777"** に変
更して再度実行すると リスト13.3 のような出力結果が得られます。

リスト13.3 リスト13.1 の **INITIAL_BITS** の値を、**"1e777777"** から **"1d777777"** に変更した
出力結果（JSON形式）

Out
```
ジェネシスブロックを作成中・・・
{
    "bits": "1d777777",
    "block_hash": "0000000dc763c605cc883b2e5ddc776b8c100b➡
e4971de61b522fd9edce595e03",
```

```
  "elapsed_time": "93.604 秒",
  "index": 0,
  "nonce": "016cb281",
  "prev_hash": "00000000000000000000000000000000000000000➡
0000000000000000000000000",
  "stored_data": "ジェネシスブロック",
  "timestamp": "2019/09/26 18:39:11"
}
2番目のブロックを作成中・・・
{
  "bits": "1d777777",
  "block_hash": "0000001b67409cbe40d13edb188772949e33b0➡
38014baba694c6b2ce73955761",
  "elapsed_time": "209.994 秒",
  "index": 1,
  "nonce": "03432c25",
  "prev_hash": "0000000dc763c605cc883b2e5ddc776b8c100be➡
4971de61b522fd9edce595e03",
  "stored_data": "ブロック 1",
  "timestamp": "2019/09/26 18:40:44"
}

(…略…)

30番目のブロックを作成中・・・
{
  "bits": "1d777777",
  "block_hash": "000000650b5755b324c6ce0f7db1a2a4b73b4c➡
684cf118a8efcac44c39371e7d",
  "elapsed_time": "465.509 秒",
  "index": 29,
  "nonce": "071b4e13",
  "prev_hash": "00000023769762d1e1b643f69037ef04b52749c➡
464cd788f4f11ab461033d96c",
```

```
    "stored_data": "ブロック 29",
    "timestamp": "2019/09/26 19:45:18"
}
31番目のブロックを作成中・・・
{
    "bits": "1d777777",
    "block_hash": "000000211ad1445e352429475a4018acfa0488➡
df1c7e9fa31d9710030bcec3cd",
    "elapsed_time": "211.98 秒",
    "index": 30,
    "nonce": "033a1105",
    "prev_hash": "000000650b5755b324c6ce0f7db1a2a4b73b4c6➡
84cf118a8efcac44c39371e7d",
    "stored_data": "ブロック 30",
    "timestamp": "2019/09/26 19:53:03"
}
```

bits では難易度を定義しており、先頭2バイトが先頭にどれだけ **0** が並ぶか（**Target** の桁数）に関係します。**"1e777777"** のときは最低4つの **0** が並びますが、**"1d777777"** のときは最低6つ並ぶことになります。これはマイニングにおける成功条件において、**0** が多いほうが小さい値を要求される、すなわち難易度が高くなることを表しています。実際、**bits** を変更する前後の **block_hash** を比べてみると確かに **0** の並ぶ数が異なっていることがわかります。

　マイニングにおける難易度を物語る要素が **elapsed_time** と **nonce** です。**elapsed_time** はマイニングにかかる所要時間（秒）を表しており、特に **"1d777777"** で実行した場合ではブロックごとに幅があることがわかります。また、マイニングに時間がかかっているブロックのナンス値は値が大きくなる傾向にあります。これは、**nonce** を発見するための for 文の部分でたくさんの値を **0** から順に試行したことになります。

13.2 プレーンブロックチェーンの解説

　具体的なプログラムと出力結果が確認できたところで、次はより詳細に掘り下げていきましょう。

13-2-1 2つのクラス

　今回実装したプレーンブロックチェーンは大きく2つのクラスにより構成されます。1つは**Block**クラス、もう1つが**Blockchain**クラスです。Pythonをはじめとするオブジェクト指向言語において、クラスはオブジェクトのデータや処理を記述しているものでした。今回は1つひとつのブロックの状態を定義する**Block**クラスと、ブロックごとの関係性を定義する**Blockchain**クラスの2つを用意しています。それぞれのクラスはプログラムの中でインスタンス化されることで定義された状態を持ち、それに対しての処理を行っています。それぞれのインスタンスがどのように活用されているのかは、この先、順を追って解説していきます。

13-2-2 個々のブロックを定義する「Blockクラス」

　Blockクラスで定義されている変数は リスト13.4 のように8種類です。

リスト13.4 **Block**クラスの変数

```python
def __init__(self, index, prev_hash, data, timestamp, bits):
    self.index = index
    self.prev_hash = prev_hash
    self.data = data
    self.timestamp = timestamp
    self.bits = bits
    self.nonce = 0
    self.elapsed_time = ""
    self.block_hash = ""
```

リスト13.5 では、特殊メソッドである **__setitem__** を利用し、**setattr** メソッドで属性を追加しています。Pythonでは **.**（ドット）を使うことで直接オブジェクトにアクセスすることができますが、**setattr** を利用することでどのオブジェクトに、どのような **key** と **value** を付けるかを指定できます。

リスト13.5 特殊メソッド setitem

```
def __setitem__(self, key, value):
    setattr(self, key, value)
```

これらの変数は、**to_json** メソッドにおいて1つのブロックのデータとしてまとめられます（リスト13.6）。**timestamp.strftime("%Y/%m/%d %H:%M:%S")** の部分では、**2019/09/25 14:57:01** のようにブロックが生成された年月日や時間を出力しています。また、**rjust(8, "0")** は全部で指定された文字になるように右寄せにするメソッドです。この場合は、全部で8文字になるように右寄せにし、左側の足りない部分は **0** で埋める処理を行います。

リスト13.6 **to_json** メソッド

```
def to_json(self):
    return {
            "index"       : self.index,
            "prev_hash"   : self.prev_hash,
            "stored_data" : self.data,
            "timestamp"   : self.timestamp.strftime("%Y/%m/➡
%d %H:%M:%S"),
            "bits"        : hex(self.bits)[2:].rjust(8, "0"),
            "nonce"       : hex(self.nonce)[2:].rjust(8, "0"),
            "elapsed_time": self.elapsed_time,
            "block_hash"  : self.block_hash
        }
```

続く、**calc_blockhash** メソッドでは、ブロックヘッダを構築したのちにそれを **SHA256** でハッシュ化し、その結果を返す処理を定義しています（リスト13.7）。本書ではすでに何度か登場している **hashlib** ですが、これは文字列をエンコードしたものを引数として渡さなければいけないため、**blockheader** はすべて

文字列に変換したものを格納し、**.encode()** によってエンコードしています。**.encode()** は、引数に何も設定しなければデフォルトでUTF-8が使われます。このプログラムでは特に支障がないため、何も指定していません。なお、**hex(self.bits)[2:]** のように **bits** の先頭2文字を飛ばしているのは、16進数を表す **0x** が先頭についているためです。**0x** を飛ばして **bits** の値そのものを抜き出すためにソートをしています。また、**self.block_hash = h** では、冒頭で定義しているブロックハッシュの変数にこのメソッドで計算したハッシュ値を代入しています。最後は、**return** によって、このハッシュ値が返り値として返されます。

リスト13.7 **calc_blockhash** メソッド

```
def calc_blockhash(self):
    blockheader = str(self.index) + str(self.prev_hash) + ➡
str(self.data) + str(self.timestamp) + hex(self.bits)[2:] + ➡
str(self.nonce)
    h = hashlib.sha256(blockheader.encode()).hexdigest()
    self.block_hash = h
    return h
```

　calc_target メソッドでは、与えられた **bits** から **target** を算出しています（リスト13.8）。ビット演算子が多く登場していますが、1つひとつ確認していきましょう。なお、ターゲットの計算については第11章をもう一度確認しておきましょう。

リスト13.8 **calc_target** メソッド

```
def calc_target(self):
    exponent_bytes = (self.bits >> 24) - 3
    exponent_bits = exponent_bytes * 8
    coefficient = self.bits & 0xffffff
    return coefficient << exponent_bits
```

　まず、**exponent_bytes = (self.bits >> 24) - 3** の処理では、**bits** を右に24ビットシフトさせ3を引いています。**Bits** は **1e777777** といった形で与えられています。この値を右に24ビットずらすと **exponent** に当

たる**1e**だけが残ります。ここから**3**を引いて**exponent_bytes**を計算します。**3**を引いているのは、**coefficient**が3バイトのため、後々桁数をずらす計算をする際に整合性を取るためです。**exponent_bits = exponent_bytes * 8**は、1バイトが8ビットのため**8**を掛けています。**coefficient = self.bits & 0xffffff**では、**bits**（例えば、**1e777777**）から、**coefficient**（例えば、**777777**）を抽出するために行います。**&**は、ビット論理積で両方が**1**の時のみ**1**になりそれ以外は**0**となります。**0xffffff**は2進数に変換すると**1**が24桁並ぶ数字になります。そのため、ビット論理積を取れば相手側が**1**の部分のみが残って、桁数が同じであれば同じ結果になります。加えて、桁数が6桁で、**bits**が8桁のため先頭2桁の**1e**を排除することができ、結果として**coefficient**の部分のみが抽出できます。最後には、**coefficient << exponent_bits**で**coefficient**（例えば、**777777**）を**exponent_bits**分、左にシフトさせることでターゲットが算出され、返り値として返ってきます。ここの処理は第11章でも解説しているので、確認してください。

　Blockクラスの最後は**check_valid_hash**メソッドです（ リスト13.9 ）。これは、計算されたハッシュ値が先ほど計算したターゲットよりも小さいかどうかを判定しています。**int(self.calc_blockhash(), 16)**では、ハッシュ値を16進数であると見立てて10進数の整数に変換するための記述です。これによりハッシュ値とターゲットを比較できるようになります。

リスト13.9 **check_valid_hash**メソッド

```
def check_valid_hash(self):
    return int(self.calc_blockhash(), 16) <= self.calc_➡
target()
```

　Blockクラスはマイニングの過程で何度もインスタンス化され、ブロックの生成を行うのでマイニング処理の部分でも再度登場します。

13-2-3 ブロックの関係性を定義する「Blockchainクラス」

　Blockchainクラスはブロックの関係性を定義するクラスです。そのため、リスト13.10のように変数としてブロックの情報を格納する空の配列**chain**と、難易度を定義する**bits**を定義しています。マイニングが成功するたびに作成されたブロックの情報が、**self.chain**で作成されている配列の中に順に格納されていきます。この配列の中身がブロックチェーンの本体となります。

リスト13.10 Blockchainクラスの変数

```
def __init__(self, initial_bits):
    self.chain = []
    self.initial_bits = initial_bits
```

リスト13.11 は、**Blockchain**クラスの冒頭で設定した**chain**の配列にブロックのデータを追加するメソッドです。**append**は配列の一番後ろに要素を追加するメソッドです。

リスト13.11 add_blockメソッド

```
def add_block(self, block):
    self.chain.append(block)
```

getblockinfoメソッドは、**chain**の配列のその時点で最後の要素を取り出しJSON形式で出力するメソッドです（**リスト13.12**）。**json.dumps**は辞書型をJSON形式に変換するメソッドです。なお、PythonではJSON形式は文字列型として扱われます。第1引数は変換したい辞書型のデータを指定し、第2引数ではインデントの大きさ、第3引数では辞書の出力がキーでソートできるように**True**を設定しています。第4引数の**ensure_ascii=False**は、日本語表記を可能にするために指定しています。辞書型のまま出力することも可能ですが、出力結果がひと続きで出力されるので、可読性を高めるためにJSON形式で出力しています。

リスト13.12 getblockinfoメソッド

```
def getblockinfo(self, index=-1):
    return print(json.dumps(self.chain[index].to_json(), ➡
indent=2, sort_keys=True, ensure_ascii=False))
```

miningメソッドでは、ブロックをつなげていくための処理を定義しています（**リスト13.13**）。

マイニング処理の部分は第11章で扱ったものをベースに実装しています。**start_time = int(time.time() * 1000)**は処理がスタートした時間を取り出しています。次にwhile文を利用して条件に一致している間はそこから続くfor文をひたすら続けていく処理を記述しています。for文で**MAX_32BIT**

+ 1と**1**を足しているのは、**range**関数が**0**からカウントをはじめるためです。**1**を足すことで最大値である**MAX_32BIT**まで代入できるようにしています。**block.nonce = n**の部分では、Nonceを次々と更新していき、**Block**クラスで実装している**check_valid_hash**メソッドを実行します。ここで、**check_valid_hash**メソッドの結果が**TRUE**、つまりターゲットより小さいハッシュ値が見つかれば終了した時間と経過時間などを計算し、**Blockchain**クラスの変数で定義した配列である**chain**に**add_block**メソッドを利用して追加していきます。最後に**getblockinfo**メソッドでブロックの情報を出力します。また、このメソッドの最後の5行は、ブロックのタイムスタンプと終了時のタイムスタンプが同じだった場合の処理を定義しています。

リスト13.13 **mining**メソッド

```
def mining(self, block):
    start_time = int(time.time() * 1000)
    while True:
        for n in range(MAX_32BIT + 1):
            block.nonce = n
            if block.check_valid_hash():
                end_time = int(time.time() * 1000)
                block.elapsed_time = ➡
str((end_time - start_time) / 1000.0) + "秒"
                self.add_block(block)
                self.getblockinfo()
                return
        new_time = datetime.datetime.now()
        if new_time == block.timestamp:
            block.timestamp += datetime.timedelta(seconds=1)
        else:
            block.timestamp = new_time
```

create_genesisメソッドは、ジェネシスブロックを生成するためのメソッドです（**リスト13.14**）。ジェネシスブロックはブロックチェーンにおける最初のブロックでした。他のブロックと大きく異なる点の1つは、**prev_hash**の値を指定しないと参照する値がないことです。そこで、**リスト13.14**のように

create_genesis関数内で**Block**クラスの引数にジェネシスブロックの情報を指定することで、**genesis_block**インスタンスを生成します。その後、マイニングを行いジェネシスブロックの生成を行います。ここでは、**prev_hash**として**0000000000000000000000000000000000000000000000000000000000000000**を指定しています。

> **リスト13.14** create_genesis メソッド

```python
def create_genesis(self):
    genesis_block = Block(0, "0000000000000000000000000000000➡
00000000000000000000000000000000000", "ジェネシスブロック", ➡
datetime.datetime.now(), self.initial_bits)
    self.mining(genesis_block)
```

次の**add_newblock**関数でも、**Block**クラスをインスタンス化しますが、その引数にはブロックチェーンの本体情報である**chain**の配列の一番後ろのブロックを**last_block**として取り出します（**リスト13.15**）。その後、**last_block**の**block_hash**と**bits**をそれぞれ引数として指定します。このように最新のブロックの情報を引数として利用することで、次々と鎖状につなげていくことが可能です。

> **リスト13.15** add_newblock 関数

```python
def add_newblock(self, i):
    last_block = self.chain[-1]
    block = Block(i+1, last_block.block_hash, "ブロック " + ➡
str(i+1), datetime.datetime.now(), last_block.bits)
    self.mining(block)
```

最後に、**if __name__ == "__main__":** より下の部分で、**Blockchain**クラスをインスタンス化します（**リスト13.16**）。ジェネシスブロックを生成するために**create_genesis**メソッドを実行した後、for文を利用して30個の新規ブロックの生成を行っています。for文における変数**i**は、**add_newblock**メソッドの引数として渡されるため、**mining**関数にも反映される点を確認してください。

リスト13.16 Blockchainクラスのインスタンス化

```python
if __name__ == "__main__":
    bc = Blockchain(INITIAL_BITS)
    print("ジェネシスブロックを作成中・・・")
    bc.create_genesis()
    for i in range(30):
        print(str(i+2) + "番目のブロックを作成中・・・")
        bc.add_newblock(i)
```

章末問題

問1

bitsの値が**"1e777777"**の場合と**"1d777777"**の場合で、それぞれプレーンブロックチェーンを実行しなさい。

第14章 カスタマイズしてみよう

第13章までにプレーンなブロックチェーンを作成しました。ここからは、より応用的な機能を追加していくことで学習を深めていきましょう。

14.1 難易度調整（Retargeting）

Proof of Workでは、難易度が定期的に調整されます。極端にマイニングの生成時間が短くなったり、長くなったりしないようにすることが目的です。

14-1-1 難易度調整のルール

ビットコインのブロックチェーンの場合、Proof of Workにおける難易度は2016ブロックごとに調整されます。ブロックは約10分ごとに生成されるようになっているため、2016ブロックはおおよそ2週間になります。難易度調整は以下のような計算式で求められます。新しい難易度は、理想的な時間（20160分）と実際に2016ブロックを生成するのにかかった時間の比率を、古い難易度に掛け算することで算出されます。難易度調整は所定のタイミングごとに自動的に実行されるようになっています。なお、調整の幅は最大で4倍、最小で1/4倍と制限がかけられています。

$$New\ Difficulty = Old\ Difficulty \times \frac{Actual\ Time\ of\ Last\ 2016\ Blocks}{20160\ min}$$

マイニングは調整された難易度に則って行わなければならず、ノードがブロックチェーンを検証する際に難易度が正確でないブロックは不正なものとして破棄されて、正しい難易度で生成されたブロックのみが採用されるようになっています。

14-1-2 難易度調整が行われる理由

現在マイニングに利用されるマシンは著しく性能が高くなっており、それに伴いマイニングに成功する時間間隔が短くなっています。仮に難易度調整が行われなかった場合、マイニング報酬が生成されるスパンが短くなりインフレーションが起こってしまう可能性が高くなります。一方、マイニングに成功する時間間隔が長くなる場合、なかなかトランザクションが承認されないという事態が起こります。そのため、安定してほぼ同じ感覚でブロックが生成されるようにするために難易度調整が行われるのです。

14-1-3 難易度調整の仕組みを確認する

難易度調整のルールを基に実際に実装してみましょう。リスト14.1は難易度調整の処理例です。第13章で実装したプレーンブロックチェーンに組み込んだ形で記載しているので、一部を抜き出したものとして捉えてください。リスト14.1はBlockchainクラスのメソッドの1つとして定義します。なお、今回の実装では5ブロックごとに難易度調整が行われるようにしており、140秒に1回マイニングが成功することを目標としています。また、難易度調整を正しく機能させるために、INITIAL_BITSの値を1e777777から1d777777に変更しておきましょう。

リスト14.1 get_retarget_bitsメソッド

```python
def get_retarget_bits(self):
    if len(self.chain) == 0 or len(self.chain) % 5 != 0:
        return -1
    expected_time = 140 * 5

    if len(self.chain) != 5:
        first_block = self.chain[-(1 + 5)]
    else:
        first_block = self.chain[0]
    last_block = self.chain[-1]

    first_time = first_block.timestamp.timestamp()
    last_time = last_block.timestamp.timestamp()

    total_time = last_time - first_time

    target = last_block.calc_target()
    delta = total_time / expected_time
    if delta < 0.25:
        delta = 0.25
    if delta > 4:
        delta = 4
```

```python
    new_target = int(target * delta)

    exponent_bytes = (last_block.bits >> 24) - 3
    exponent_bits = exponent_bytes * 8
    temp_bits = new_target >> exponent_bits
    if temp_bits != temp_bits & 0xffffff: # 大きすぎ
        exponent_bytes += 1
        exponent_bits += 8
    elif temp_bits == temp_bits & 0xffff: # 小さすぎ
        exponent_bytes -= 1
        exponent_bits -= 8
    return ((exponent_bytes + 3) << 24) | (new_target >> ➡
exponent_bits)
```

　リスト14.2 の部分は、ブロックチェーン本体の長さが **0** であるか、**5** の倍数でない場合は **- 1** を返り値として返すようにしています。これは、難易度調整すべきかどうかを判断するためのジャッジをしています。

リスト14.2 難易度調整の要不要のジャッジ

```python
if len(self.chain) == 0 or len(self.chain) % 5 != 0:
    return -1
```

　ブロックチェーンのブロック数が **5** の倍数になった場合は、次の処理に進みます。変数 **expected_time** にはブロック1つあたりの目標時間に5ブロック分を掛けた時間を格納します。次に行っている リスト14.3 の部分は難易度調整を行うためにマイニングにかかった時間を算出しています。1行目はブロックチェーンの長さが **5** でなければ後ろから6番目のブロックを **first_block** として取り出します。ブロックチェーンの長さが **5** の場合は、最初のブロックを **first_block** として取り出します。その後、**first_block** と **last_block** のそれぞれのタイムスタンプから経過時間を計算して **total_time** とします。これが実際にマイニングにかかった時間になります。

リスト14.3 マイニングの所要時間の計算

```
if len(self.chain) != 5:
    first_block = self.chain[-(1 + 5)]
else:
    first_block = self.chain[0]
last_block = self.chain[-1]


first_time = first_block.timestamp.timestamp()
last_time = last_block.timestamp.timestamp()


total_time = last_time - first_time
```

その後、リスト14.4の処理でターゲットを再計算します。まず、**last_block**からターゲットを取り出します。この時、**calc_target**メソッドを利用します。**delta = total_time / expected_time**の部分でマイニングにかかった時間の比を計算します。この時、**0.25**より小さい時か**4**より大きい時はそれぞれ**0.25**と**4**でリミッターを設定します。その後、**new_target**を**last_block**から取り出した**target**に**delta**を掛けて算出します。

リスト14.4 難易度調整の上限と下限を計算

```
target = last_block.calc_target()
delta = total_time / expected_time
if delta < 0.25:
    delta = 0.25
if delta > 4:
    delta = 4
new_target = int(target * delta)
```

次に、新しいターゲット**new_target**から、新しい**bits**をリスト14.5のように計算します。

14.1

難易度調整（Retargeting）

リスト14.5 新しい bits の計算

```
exponent_bytes = (last_block.bits >> 24) - 3
exponent_bits = exponent_bytes * 8
temp_bits = new_target >> exponent_bits
if temp_bits != temp_bits & 0xffffff: # 大きすぎ
     exponent_bytes += 1
        exponent_bits += 8
 elif temp_bits == temp_bits & 0xffff: # 小さすぎ
        exponent_bytes -= 1
        exponent_bits -= 8
return ((exponent_bytes + 3) << 24) | (new_target >> ➡
exponent_bits)
```

リスト14.6 の部分は、第13章で行ったターゲットの計算と同じです。

リスト14.6 exponent の計算

```
exponent_bytes = (last_block.bits >> 24) - 3
exponent_bits = exponent_bytes * 8
```

ここで計算された **exponent_bits** が表すビット数だけ **new_target** を右にシフトさせます。これで一時的な **bits** である **temp_bits** を計算します。なぜ一時的かというと、この後の処理で **temp_bits** が極端な値をとっていないかを確認するためです。**if** と **elif** で記述されている部分は、それぞれ桁数が大きくなっていないか、小さくなっていないかを確認しています。**リスト14.7** の部分は、ビット演算によって **temp_bits** が **ffffff** より大きくなっていないかを確認しています。

リスト14.7 temp_bits の大きさの確認

```
if temp_bits != temp_bits & 0xffffff: # 大きすぎ
```

大きいということは過去5ブロックにおける難易度が高かったことを表すため、難易度を下げる必要があります。そのため、**temp_bits** が大きい場合は、**exponent_bytes** を1増やし、**exponent_bits** を8増やしています。**exponent** は最終的に、**coefficient** を左に何ビット分シフトさせるかとい

う部分を定義します。**exponent**を大きくすれば、算出されるターゲットの値が大きくなりマイニングにおける難易度は下がることになります。**exponent_bits**を8増やしているのは、1バイトが8ビットだからです。**temp_bits**が小さかった場合は、上記の逆のロジックです。

　ここまでで調整ができた後は、**bits**を計算します。 リスト14.8 は**get_retarget_bits**メソッドの返り値の部分です。ビット論理和を使って**bits**を計算しています。ビット論理和の左辺の部分はここまでで計算してきた**exponent_bytes**に**3**を足して、24ビットだけ左にシフトしています。この時、右側に24ビット（＝8バイト）分、**0**が追加されます。右辺は**new_target**をここまでで算出した**exponent_bits**だけ右にシフトします。ここで計算される値は**coefficience**であり、3バイト分だけ残ることになります。この2つのビット論理和を取ることで先頭1バイトが**exponent**、後半3バイトが**coefficience**である全4バイトの新しい**bits**が計算されます。

リスト14.8 新しい**bits**の計算

```
return ((exponent_bytes + 3) << 24) | (new_target >> ➡
exponent_bits)
```

　リスト14.1 は新しいターゲットの再計算の処理を定義しているだけなので、この処理を5ブロックおきに適用させる記述が必要です。そこで、**Blockchain**クラスの**add_newblock**メソッド内でこれを定義しましょう。 リスト14.9 の3行目と4行目が新しく追加した部分です。

リスト14.9 難易度調整の**add_newblock**メソッドへの組み込み

```
def add_newblock(self, i):
    last_block = self.chain[-1]
    new_bits = self.get_retarget_bits()

    if new_bits < 0:
        bits = last_block.bits
    else:
        bits = new_bits
```

```
    block = Block(i+1, last_block.block_hash, "ブロック " +
str(i+1), datetime.datetime.now(), bits)
    self.mining(block)
```

リスト14.10 で抜き出している通り、まず**new_bits**として**get_retarget_
bits**メソッドの結果を格納します。この時、**new_bits**は新しい**bits**か－**1**
のいずれかが格納されています。その後、**new_bits**が**0**より小さい、つまり－
1だった場合は1つ前のブロックの難易度を適用し、そうでなければ**new_
bits**を適用するという処理を行います。

リスト14.10 難易度調整の処理の組み込み

```
if new_bits < 0:
    bits = last_block.bits
else:
    bits = new_bits
```

14.2 マークルルート

ブロックヘッダにはマークルルートというフィールドが32バイト存在します。
これはブロックに格納されているトランザクションを要約した値です。

14 2 1 マークルルートの復習

マークルルートは、あるブロック内に格納されているトランザクションデータ
を要約した32バイトのデータのことでした。トランザクションデータを並べて
隣り合ったデータをセットにしつつ、Double-SHA256でハッシュ化し、ハッ
シュ値が1つだけになるまで繰り返します。この時、ハッシュ値によって形成さ
れる 図14.1 のようなデータ構造を**マークルツリー**と呼びます。

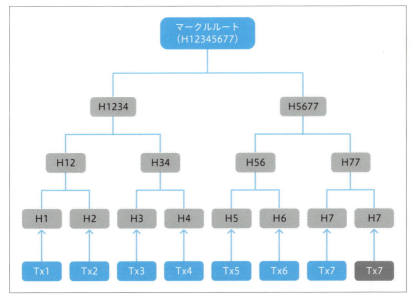

図14.1 マークルツリーとマークルルート

　マークルルートを計算する際にトランザクションデータ数の合計が奇数の場合は、最後のデータ（図14.1でいえばTx7）を複製して、合計を偶数にすることで計算を行います。また、特定のトランザクションデータを検証する際に用いられるハッシュ値の組み合わせを**マークルパス**と呼びます。

14.2.2 マークルルートとマークルツリーの意義

　マークルルートとマークルツリーは、トランザクションデータがブロックに格納されているかどうかの検証を容易にするために実装されました。ビットコインをはじめとするブロックチェーンでは、フルノードを立てれば単体でもトランザクションやブロックの正しさを検証することが可能です。しかし、SPVノードの場合は、フルノードに問い合わせることでトランザクションの正しさを検証します。この時に利用されるのが、マークルルートです。実際の検証の際はマークルルートとマークルパスを利用します。

　図14.1 の例を参考に、トランザクションTx3を検証したいとしましょう（図14.2）。この時まず、当該トランザクションデータのDouble-SHA256を計算します。その後、マークルルートとマークルパスを問い合わせて入手します。この時に必要なマークルパスは、「H4、H12、H5677」となります。算出したTx3のハッシュ値H3とマークルパスを計算していきハッシュ値を算出します。ここ

で算出されたハッシュ値とマークルルートが一致するかを検証し、同じであれば当該トランザクションは確かにブロックに格納されている正しいデータであることが証明できます。

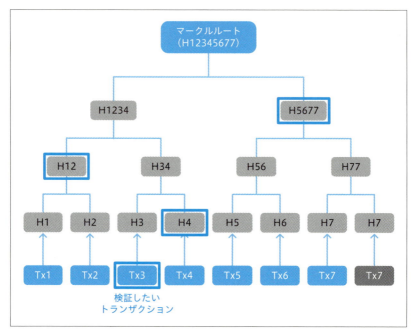

図14.2 トランザクションデータの検証

14-2-3 マークルルートの実装方針

マークルルートを実装する際の基本方針は以下の通りです。

- トランザクションデータを整列させる
- トランザクションデータ数の合計が奇数の場合は最後のデータを複製する
- 先頭から順番に2つずつまとめてハッシュ化する
- 最後の1つになるまで、まとめてハッシュ化を繰り返す

マークルルートの算出において"肝"になるポイントは、トランザクションデータの順番を規定しておくことです。ハッシュ関数は入力値が少しでも変わると出力されるデータが大きく変わります。そのため、格納されているトランザク

ションデータの内容が同じでも、順番が異なるだけで結果が大きく変わってしまいます。

⑭-②-④ マークルルートを計算してみよう

ここからは実際にマークルルートを導出するプログラムを見ていきましょう。今回は便宜上、トランザクションデータはあらかじめ リスト14.11 のように11個を用意しておきました。この11個のトランザクションデータからマークルルートを算出します。

リスト14.11 トランザクションデータ

```
[
"e7c6a5c20318e99e7a2fe7e9c534fae52d402ef6544afd85a0a1a22a8d0➡
9783a",
"3fe7ac92b9d20c9b5fb1ba21008b41eb1208af50a7021694f7f73fd37e9➡
14b67",
"b3a37d774cd5f15be1ee472e8c877bcc54ab8ea00f25d34ef11e76a17ec➡
bb67c",
"dcc75a59bcee8a4617b8f0fc66d1444fea3574addf9ed1e0631ae85ff6c➡
65939",
"59639ffc15ef30860d11da02733c2f910c43e600640996ee17f0b12fd0c➡
b51e9",
"0e942bb178dbf7ae40d36d238d559427429641689a379fc43929f15275a➡
75fa6",
"5ea33197f7b956644d75261e3c03eefeeea43823b3de771e92371f3d630➡
d4c56",
"55696d0a3686df2eb51aae49ca0a0ae42043ea5591aa0b6d755020bdb64➡
887f6",
"2255724fd367389c2aabfff9d5eb51d08eda0d7fed01f3f9d0527693572➡
c08f6",
"c8329c18492c5f6ee61eb56dab52576b1de48bbb1d7f6aa7f0387f9b3b6➡
3722e",
"34b7f053f77406456676fdd3d1e4ac858b69b54daf3949806c2c92ca70d➡
3b88d"
]
```

マークルルートを算出するプログラムの一例は、**リスト14.12** のようになります。

リスト14.12 マークルルートの算出

```python
import hashlib

def sha256(data):
    return hashlib.sha256(data.encode()).hexdigest()

class MerkleTree():
    def __init__(self, tx_list):
        self.tx_list = tx_list

    def calc_merkleroot(self):
        txs = self.tx_list
        if len(txs) == 1:
            return txs[0]
        while len(txs) > 1:
            if len(txs) % 2 == 1:
                txs.append(txs[-1])
            hashes = []
            for i in range(0, len(txs), 2):
                hashes.append(sha256("".join(txs[i:i ➡
+ 2])))
            txs = hashes
        return txs[0]

if __name__ == "__main__":
    txs = [
        "e7c6a5c20318e99e7a2fe7e9c534fae52d402ef6544af➡
d85a0a1a22a8d09783a",
        "3fe7ac92b9d20c9b5fb1ba21008b41eb1208af50a7021➡
694f7f73fd37e914b67",
        "b3a37d774cd5f15be1ee472e8c877bcc54ab8ea00f25d➡
34ef11e76a17ecbb67c",
```

```python
            "dcc75a59bcee8a4617b8f0fc66d1444fea3574addf9ed➡
1e0631ae85ff6c65939",
            "59639ffc15ef30860d11da02733c2f910c43e60064099➡
6ee17f0b12fd0cb51e9",
            "0e942bb178dbf7ae40d36d238d559427429641689a379➡
fc43929f15275a75fa6",
            "5ea33197f7b956644d75261e3c03eefeeea43823b3de7➡
71e92371f3d630d4c56",
            "55696d0a3686df2eb51aae49ca0a0ae42043ea5591aa0➡
b6d755020bdb64887f6",
            "2255724fd367389c2aabfff9d5eb51d08eda0d7fed01f➡
3f9d0527693572c08f6",
            "c8329c18492c5f6ee61eb56dab52576b1de48bbb1d7f6➡
aa7f0387f9b3b63722e",
            "34b7f053f77406456676fdd3d1e4ac858b69b54daf394➡
9806c2c92ca70d3b88d"
    ]

    mt = MerkleTree(txs)

    print(mt.calc_merkleroot())
```

リスト14.12 を実行すると リスト14.13 のような結果が得られます。

リスト14.13 リスト14.12 の出力結果

```
Out  45ce9219fbff637dbe398f21c765081c511d54b9758755875e764f➡
488c21cfc2
```

リスト14.12 の値は、**txs** 内にある11個のトランザクションデータをマークルツリーの構造に基づいて計算した結果、算出されたマークルルートです。**Markle Tree** クラス内ではまず、配列 **tx_list** を定義します。また、引数としてトランザクションのリストを与えます。マークルルートを算出する処理を担っているのは、リスト14.14 にある通り **calc_merkleroot** メソッドです。

リスト14.14 calc_merkleroot メソッド

```python
def calc_merkleroot(self):
    txs = self.tx_list
    if len(txs) == 1:
        return txs[0]
    while len(txs) > 1:
        if len(txs) % 2 == 1:
            txs.append(txs[-1])
        hashes = []
        for i in range(0, len(txs), 2):
            hashes.append(sha256("".join(txs[i:i + 2])))
        txs = hashes
    return txs[0]
```

　まず、トランザクションデータのリストを変数 **txs** に格納します。この時、トランザクションデータが1つだけの時には、その1つだけのデータを返すようにします。次に、 リスト14.15 で抜き出している while 文で配列のデータが1つだけになるように計算します。

リスト14.15 calc_merkleroot メソッドの while 処理部分

```python
while len(txs) > 1:
    if len(txs) % 2 == 1:
        txs.appenad(txs[-1])
    hashes = []
    for i in range(0, len(txs), 2):
        hashes.append(sha256("".join(txs[i:i + 2])))
    txs = hashes
```

　ここではまず、配列 **txs** の最新の要素が奇数の場合、最後の要素をコピーして追加します。その後、ハッシュ値を格納する **hashes** という空の配列を用意します。 リスト14.16 の部分で隣り合う要素を結合してハッシュ化する処理を行います。具体的には、for 文によって、**0** から配列の要素数まで **2** つ刻み、つまり要素数の半分の回数で繰り返し処理を行います。これによって、先頭から2つずつセットにしてハッシュ値を計算します。実行される処理は、引数に与えられた配列の隣

り合う要素について **join** メソッドを利用して結合したのち、**sha256** でハッシュ化した値を先ほど用意した **hashes** の配列に追加するというものです。

リスト14.16 **calc_merkleroot** メソッドにおけるハッシュ計算

```python
for i in range(0, len(txs), 2):
    hashes.append(sha256("".join(txs[i:i + 2])))
```

リスト14.16 の処理は配列 **txs** が 1 つだけになるまで続けられ、最終的には **txs[0]** が返り値として返されます。

章・末・問・題

問1

プレーンブロックチェーンに難易度調整を実装して、**bits** の値が 5 ブロックおきに変化していることを確認しなさい。

> 💡 **HINT**
>
> **問1のヒント**
>
> **Blockchain** クラスと **add_newblock** 関数に、難易度調整に関わる処理を追加しましょう。

問2

プレーンブロックチェーンにマークルルートを実装しなさい。

> ### 💡 HINT
>
> #### 問2のヒント
>
> **MarkleTree**クラスを追加し、インスタンス化しましょう。また、算出したマークルルートは、**Block**クラスの変数**data**に格納してください。トランザクションデータは、**mempool.json**のデータから利用しましょう。なお、**mempool.json**のデータを利用するには、**MarkleTree**クラスのコンストラクタ内に、リスト14.17 の記述を行います。別途標準ライブラリである**random**をimportする必要があります。リスト14.17 のコードではマークルルートをブロックごとに変えるために、トランザクションのリストからランダムに取り出すように処理をしています。
>
> リスト14.17 mempool.jsonのデータの利用
>
> ```python
> f = open("{mempool.jsonを保存している絶対パス}", "r")
> mempool = json.load(f) # jsonデータとして変数mempoolに格納
> tx_list = mempool["tx"] # 全部のトランザクションのリストを取得
> c = random.randint(2, 30) # 2から30までの整数の乱数を生成
> txs_in_this_block = random.sample(tx_list, c)
> self.tree_path.append(txs_in_this_block)
> f.close()
> ```

問3

プレーンブロックチェーンに難易度調整とマークルルートを両方とも実装しなさい。

第
5
部

ブロックチェーンを
さらに学ぶ

ここまでにブロックチェーン技術の基礎的な内容を学んできました。ここからはこれまでの内容以上に踏み込んで学ぶために必要なことを紹介していきます。

第15章　ブロックチェーン開発の最前線
第16章　より学びたい人のために

第15章 ブロックチェーン開発の最前線

ブロックチェーン関連の技術開発は目覚ましいスピードで進化を続けています。ここではそのごく一部を紹介します。

15.1 スケーラビリティ問題への挑戦

ブロックチェーンの最大の障害としてスケーラビリティ問題が挙げられます。この問題を解決すべく、さまざまな解決策が考案されています。

15.1.1 スケーラビリティ問題

スケーラビリティとは「拡張可能性」と訳され、ユーザーや処理データの増加に合わせてスムーズにシステム自体も対応できる性質のことを指します。ブロックチェーンはその耐改ざん性や分散性に対して大きな期待が寄せられていますが、スケーラビリティを確保しづらいという問題を抱えています。このことをスケーラビリティ問題と言います（図15.1）。

スケーラビリティ問題は、ブロックチェーンの社会実装を考慮する上で大きな障害となります。なぜなら、仮想通貨のユーザーが増えたり、分散型アプリケーション（DApps）が増加したりするなどして、ブロックチェーンが処理すべきデータが増加すればするほど、その性能が落ちてしまうからです。多くの人々に利用してほしいと願いつつも、いざ利用されるようになるとその力を発揮できないといったジレンマを抱えてしまっているのです。

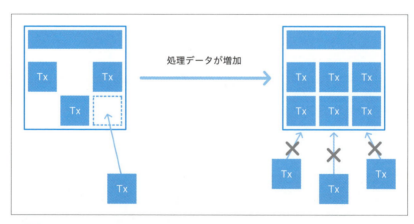

図15.1 スケーラビリティ問題

スケーラビリティ問題の原因はいくつか挙げられますが、その中でもマイニングのプロセスとブロックサイズがわかりやすいポイントでしょう。ブロックサイズは、ビットコインのブロックチェーンの場合は1MBですが、処理すべきデー

タが増加した場合、1MBの容量ではさばききれないデータが残ってしまいます。また、マイニングのプロセスでは、マイニングが終了するまで新しいブロックが生成されません。特にProof of Workの場合では、計算に時間がかかるので、ブロックが生成され取引が承認されるまでに一定の時間がかかってしまいます。そのため、処理を高速にすることができず、処理データの増加に対応しきれないという問題に直面してしまいます。

15.1.2 ブロックサイズの拡張とデータの効率化

スケーラビリティ問題への対応策としてブロックサイズを大きくすることが考えられます（図15.2）。ブロックサイズを大きくすることで、一度に格納できるデータを増やし、処理の詰まりを防ごうとする方向性です。実際、ビットコインから分裂したビットコインキャッシュはブロックサイズを8MBに大きくし、2019年9月現在では32MBにまで拡張されています。

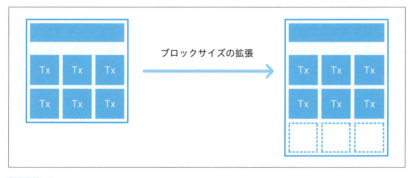

図15.2 ブロックサイズの拡張

また、格納するデータを圧縮することで、実質的に格納できるデータの量を増やそうとする取り組みもあります（図15.3）。**SegWit**という技術では、トランザクションデータにおいて、トランザクションに対する署名部分を削除し、トランザクションから独立したWitnessという署名領域を使って署名を行う技術です。これはデータの圧縮と実質的には同じことなので、ブロックサイズがそのままでも格納されるデータ量を増やすことができます。また、トランザクションデータそのものをいじることなく署名の形式を変更できるので、トランザクションデータの改ざんを防ぐことも可能です。

図15.3 トランザクションデータの圧縮

15.1.3 ライトニングネットワーク

　マイニングが成功するまで取引が承認されないという状況を打開するために、メインのブロックチェーンそのもの（オンチェーン）から外れた部分（オフチェーン）で取引処理を済ませてしまい、その結果のみをメインのブロックチェーンに戻すといった方向性も考えられています。これはビットコインでは**ライトニングネットワーク**という仕組みとして実装されています。イーサリアムでもライデンネットワークとして研究が進められており、処理の効率化に期待が寄せられています。

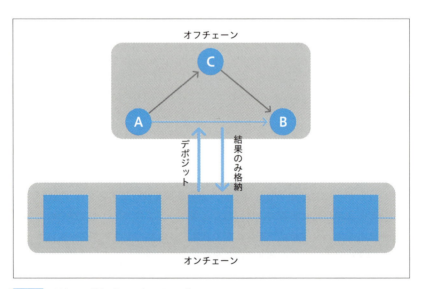

図15.4 ライトニングネットワークのイメージ

ライトニングネットワークによって、非常に少額な金額の取引も処理できるようになりました。これは、**マイクロペイメントチャネル**という技術を発展させたものです。マイクロペイメントチャネルは、一定額のデポジットを行い、その金額分までオフチェーンで取引を行い、最初（オープニングトランザクション）と最後（コミットメントトランザクション）のトランザクションのみをオンチェーンに格納する方法です。しかし、あくまで二者間で行われる取引のため、取引に参加するユーザーが多くなればなるほど、チャネルの数が増えデポジットされるビットコインが増えるという欠点がありました。そこで、同様にデポジットした上で、複数人でオフチェーン上の取引ができるようにしたのがライトニングネットワークです（図15.4）。ライトニングネットワークによって、大量の少額取引を処理できるようになりスケーラビリティ問題の解決策の有効打となりました。

15.1.4 サイドチェーン技術

サイドチェーン技術は、メインとなるブロックチェーンとは別にブロックチェーンを用意し、相互にやり取りできるようにすることで処理を効率化するようにした仕組みです。サイドチェーンとメインチェーンでは相互に結果を格納できる**Two-Way Peg**（双方向のペグ）が行われるようになっており、サイドチェーンの結果をメインチェーンに格納できます。図15.5のように、メインチェーンとは別にチェーンを用意することができるため、アプリケーションごとに異なるチェーンを使って処理をすることもでき、処理にかかる負荷を分散させることが可能です。すでに多くのブロックチェーンで実装されている技術でもあり、スケーラビリティ問題への解決策として期待が寄せられています。

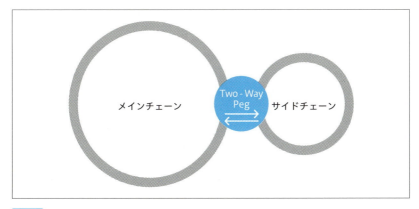

図15.5 サイドチェーンのイメージ

2014年にカナダの企業、Blockstream社によってサイドチェーンに関する論文が発表されたのを皮切りに、ブロックチェーンの拡張性を高めるための切り札としてサイドチェーン技術は注目を浴びるようになりました。サイドチェーンを利用するとチェーンごとに異なるコンセンサスアルゴリズムを採用できたり、スマートコントラクトを実装できたりするため、幅広い領域や場面で利用できるようになります。加えて、プライベートチェーンやコンソーシアムチェーンをパブリックチェーンと接続させることができるため、ビジネスユースでの利用にも大きな期待が寄せられています。

15.2　ブロックチェーンの多様化

　ビットコインのブロックチェーンが誕生して以後、さまざまなバリエーションのブロックチェーンが登場しています。ここでは特徴的なものを3つ紹介します。

15 2 1　イーサリアム（Ethereum）

　イーサリアムは本書でも度々登場しているプラットフォーム型ブロックチェーンです。スマートコントラクトが開発でき、2019年現在でもさまざまなDAppsがリリースされています。イーサリアムは当初から大規模なアップデートの予定が事前にアナウンスされており、多くの開発者がそこに協力しています。 表15.1 はイーサリアムの大型アップデートをまとめたものです。フロンティアに始まり、ホームステッド、メトロポリスと実施されています。メトロポリスはビザンティウムとコンスタンチノープルの2段階に分かれています。2019年9月現在、最終段階のセレニティを残してすべて実施済みとなっています。

表15.1 イーサリアムの大型アップデート

コードネーム		内容	実施時期
Frontier (フロンティア)		基本機能の実証実験 バグの修正	2015/7
Homestead (ホームステッド)		セキュリティの向上 PoWの難易度調整	2016/3
Metropolis (メトロポリス)	Byzantium (ビザンティウム)	匿名性の強化　など	2017/10
	Constantinople (コンスタンチノープル)	難易度の変更　など	2019/4
Serenity (セレニティ)		PoSへの本格移行　など	未定

　また、イーサリアムではスケーラビリティ問題への対策や利便性の向上のために、さまざまな新技術の開発と実装を行っています。その代表例として、イーサリアム版サイドチェーン技術であるPlasma（プラズマ）や、マイニングを分担して効率を高める技術のShading（シャーディング）、スマートコントラクトの実行環境をより改善する技術であるeWASM（Ethereum flavored Web Assembly）などが挙げられます。これらの新技術の開発と実装を通して、イーサリアムのビジョンであるThe World Computerの実現を目指しています。

15.2.2 IOTA

　IOTAはドイツ発祥のIoT（モノのインターネット）領域での利用が想定されているブロックチェーンです。IOTAの最大の特徴は、手数料が不要で、処理速度が非常に高速である点です。ビットコインでは考えられないような特徴を実現したのは、**Tangle（タングル）**と呼ばれる仕組みがあるからです。この仕組みは 図15.6 のように、トランザクション同士が一直線ではなく面状につながり合うような構造をしています。ユーザーがトランザクションを構築するためには、Tangle上にある過去2つのトランザクションを承認するルールになっています。生成したトランザクションの正しさは、得られた承認数が増加することで担保されていく仕組みになっています。2023年には日本国内のIoTの市場規模は11.7兆円を超えると試算されており、IoT技術が広く普及するとみられています。それに伴い、IOTAの活躍する場面も広がっていくと期待されています。

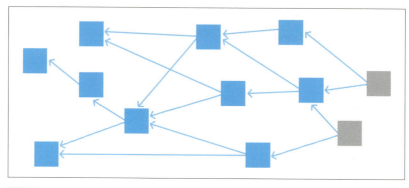

図15.6 Tangleのイメージ図

15.2.3 量子耐性のあるブロックチェーン

　ブロックチェーンはあらゆる部分で暗号技術が活用されています。これは裏を返すと、暗号が破られた場合、ブロックチェーン技術自体の信頼性が大きく揺らいでしまうことにつながります。今後、暗号技術の大きな脅威になると考えられている技術として**量子コンピューター**が挙げられます。量子コンピューターは量子力学を応用した、従来のスーパーコンピューターの約1億倍以上の計算能力を理論上、持っている次世代型コンピューターです。近年研究が大きく進み、2030年ごろには本格的に実用化されるとみられており、仮に量子コンピューターが広がれば、現在のセキュリティや暗号技術が破られるため、さまざまな分野が対応を迫られるでしょう。無論、ブロックチェーンも同様です。

　量子コンピューターへの耐性を持ったブロックチェーンも開発されています。また、イーサリアムの開発チームも量子耐性を高める取り組みを進めると明言しています。量子耐性を高めるために、乱数とハッシュ関数を組み合わせるランポート署名や3進数の採用といったさまざまなアプローチが考案されています。

15.3 暗号技術の進化

　ブロックチェーンをさらなる高みへ押し上げるのは暗号技術と言っても過言ではありません。暗号技術研究はブロックチェーンの登場により加速しています。ここでは、ブロックチェーンに大きな影響を与えそうな暗号技術を3つ紹介します。

15.3.1 シュノア署名

シュノア署名は、1989年にC.P.Schnorrによって考案された電子署名であり、計算が簡単であるにもかかわらず、セキュリティを強固にできるとして注目を集めました。ビットコインクライアントであるBitcoin Coreの開発チームが2018年1月に発表した論文で、シュノア署名がビットコインのブロックチェーンにおけるスケーラビリティ問題の解決とプライバシーの向上を両立するという考えを示し、注目を集めました。

これまでビットコインのブロックチェーンではECDSA（楕円曲線）を利用していました。しかしECDSAでは、マルチシグネチャを行う際に署名する人数分の署名が必要であり、署名のデータ分だけ多くの容量が必要となっていました。しかし、シュノア署名は複数の署名を1つにまとめることができるため、署名データサイズを小さくすることができるのです。

実際にシュノア署名をビットコインのブロックチェーンに実装するには、**SegWit**の実装が必要となるため、もう少し時間が必要であるとみられていますが、データを圧縮することによるスケーラビリティ問題への対策とセキュリティの強化を両立できるとして研究が進められています。

15.3.2 ゼロ知識証明

ゼロ知識証明とは、持っている情報を公開せずにその情報を持っていることを証明するための技術です。この技術によって、限られたデータでもそれが正しいことを証明できるため、分散処理に向いていると考えられています。

ゼロ知識証明は、すでに匿名仮想通貨Zcashで**zk-SNARKs**というアルゴリズムとして採用されています。このアルゴリズムはイーサリアムのPlasmaの中で実装される計画があります。分散型を突き詰めるブロックチェーン技術とプライバシーを確保しながら正しさを証明できるゼロ知識証明は非常に相性がよいとして期待が寄せられており、活発な研究開発が行われています。

15.3.3 準同型暗号

通常、暗号化されたデータはそのままでは通常のデータのように計算することができないため、一旦復号する必要があります。しかし、準同型暗号技術を用いると暗号化したまま計算できるようになります。このことにより、ブロックチェーン技術の分散性を活かしつつ、直接、暗号化されたデータをネットワーク

に保存したり、検索したりすることができるようになります。暗号化したまま足し算と掛け算のどちらかだけができる技術は20世紀中に開発されていましたが、2009年にC. Gentryが両方とも可能な**完全準同型暗号**を開発したことで新たな扉が開かれました。ブロックチェーン技術の可能性をさらに広げる技術として、研究開発が進められています。

章末問題

問1

スケーラビリティ問題への対策として間違っているものを1つ選びなさい。

1. サイドチェーン技術。
2. ブロックサイズの拡張。
3. 量子耐性の強化。

問2

EthereumとIOTAに関する記述として正しいものを1つ選びなさい。

1. Ethereumはビットコインのサイドチェーン技術の1つである。
2. IOTAはIoT領域での採用が想定されている。
3. EthereumとIOTAは共に、将来的にPoWに移行する予定である。

問3

暗号技術に関する記述として間違っているものを1つ選びなさい。

1. シュノア署名はスケーラビリティ問題対策にもなると期待されている。
2. ゼロ知識証明はEthereumでも採用予定である。
3. 準同型暗号は19世紀からある枯れた技術である。

第16章 より学びたい人の ために

ここまで学んできた皆さんはブロックチェーンの仕組みやダイナミズムについて理解を深めてきました。ここでは、より学習を進めるために必要なことについて紹介します。

16.1 情報収集を続けよう

日進月歩のブロックチェーン業界では、積極的に情報収集をしていくことが必要です。ここでは筆者お薦めの情報源をいくつか紹介します。

16-1-1 ビットコインに関する公式の情報源

ビットコインに関しては多くの企業や組織が研究開発に参加しているため、情報源が多くありますが、公式でリリースされているものや実績のある組織の情報を得るのが最適でしょう（表16.1）。

表16.1 ビットコインに関する公式の情報源

リソース	概要	URL
BIP	ビットコインシステムを改善するために提案され議論されている	https://github.com/bitcoin/bips
Bitcoin.org	ビットコインコアの開発を行っている組織の見解などが発表されている	https://bitcoin.org/ja/
Blockstream	ブロックチェーン技術に関して多くの技術革新をリードしている組織の公式情報が発表されている	https://blockstream.com/

16-1-2 ブロックチェーン全般の情報源

ブロックチェーン関連の情報源も多種多様ですが、表16.2 の情報源は実績も人気も高いものです。

表16.2 ブロックチェーン関連の情報源

リソース	概要	URL
LayerX Research	日本のテクノロジー企業 LayerX が調査研究した成果を発表	https://scrapbox.io/layerx/
arXiv	最新の論文が一般公開されているプラットフォーム	https://arxiv.org/
Cryptoeconomics Lab	ブロックチェーンでの利用者の行動を経済学的な観点から分析する情報コミュニティ	https://www.cryptoeconomicslab.com/

（続き）

リソース	概要	URL
Cointelegraph	ブロックチェーン利用に関する最新ニュースを発信しているメディア	https://jp.cointelegraph.com/
Coindesk	ブロックチェーン利用に関する最新ニュースを発信しているメディア	https://www.coindesk.com/

16.2 さらに学習範囲を広げよう

　情報収集からさらに踏み込んで、国内外の教育・学習サービスに取り組んでみるのも良いでしょう。本書での学習を起点に、より実務に近い知識やスキルを身につける第一歩を踏み出してみませんか。

16-2-1 オンラインのみの学習サービス

　ウェブブラウザで学ぶことのできる、有償／無償のさまざまなサービスがあります。表16.3 に挙げたものは、その一例です。いくつか試してみることで、興味や関心、自身の経験・スキルに合ったものを見つけましょう。また、広くプログラミングを学ぶ学習サービスの中で、ブロックチェーンに関するコンテンツが提供されている場合があります。

表16.3 ウェブ上の教育学習サービス

サービス名	ローンチ年	概要	URL
CryptoZombies	2017	Ethereum 上でのゲームの開発を通じて、Solidity でのスマートコントラクトの構築を学ぶ	https://cryptozombies.io/jp/ ※日本語含む9カ国語対応
BLOCKCHAIN Code Camp	2018	Solidity でのブロックチェーンアプリケーション開発をプログラミング未経験から学べる	https://lp.blockchaincodecamp.jp/
ブロックチェーン・ビジネス活用コース オンライン	2019	講義動画や確認問題、修了課題を通じて事業プランナーやコンサルタントとして活躍する力を身につける	https://www.istudy.co.jp/academy/lms-block-chain
EnterChain	2019	ブラウザ上でjsコードをさわって、つくって理解する	https://enterchain.online/top

（続く）

219

（続き）

サービス名	ローンチ年	概要	URL
PoL（Proof of Learning）	2019	学習するほどトークンがもらえるスタイルで、"ゲーム感覚"で取り組むことができる	https://pol.techtec.world/

16-2-2 オフライン中心の教育学習サービス

表16.4 に挙げたように、開講しているコースの種類や受講制度・期間が異なります。筆者も講師の一人を務めているFLOCブロックチェーン大学校のように1年間は何度でも繰り返し学べる制度のサービスもあれば、数日間〜2か月の短期集中のサービスもあります。目的と講師陣、投下できる時間に鑑みて、適切なものを選択しましょう。なお日程や料金はURL等で最新の状況を確認してください。

表16.4 オフライン中心の教育学習サービス

サービス名	概要	URL
FLOCブロックチェーン大学校	• ベーシックコース、ビジネスコース、エンジニアコースの他、分野特化型のゼミを開講 • 1年間（繰り返し受講可能）	https://floc.jp/
HashHubブロックチェーン集中講座	• ビジネス集中講座とエンジニア集中講座がある • 受講者はオンラインでの質問受付とコワーキングスペースの利用可 • 約2カ月	https://www.blockchain-edu.jp/
Unchained短期集中育成プログラム	• 新規事業を担う企業内イノベーター向け • 5日間（1日間のライト版もある）	https://unchained.tokyo/
ブロックチェーンアプリ開発集中講座	• エンジニア向け（Ethereumでの開発） • 約1カ月	https://acompany.tech/blockchainLecture/index.html

16.3 Bitcoin Coreを導入してみよう

本書でシンプルながらも本質的なブロックチェーンの仕組みを学習してきました。そんな皆さんには、実際のビットコインのネットワークに参加してそのダイナミズムを直接、確認することもお勧めします。

16-3-1 Bitcoin Coreとは

Bitcoin CoreはC++で作られた、ビットコインのクライアントソフトウェアです。ビットコインネットワークに接続したい多くのユーザーに支持されており、2019年9月時点でバージョン0.18.0がリリースされています（ 図16.1 ）。

図16.1 Bitcoin Core公式サイト

URL https://bitcoincore.org/ja/

16-3-2 Bitcoin Coreのインストールにあたっての注意点

Bitcoin Coreのインストールにあたって、いくつか条件を満たす必要があります。公式サイトで明らかにされている条件は以下の通りです。

- 最新バージョンのWindows、macOS、またはLinuxを実行しているデスクトップまたはラップトップハードウェア。
- 毎秒100GBの最小読み取り/書き込み速度でアクセス可能な200GBの空きディスク容量。
- 2GBのメモリ（RAM）
- 毎秒400キロビット（50キロバイト）以上のアップロード速度のブロードバンドインターネット接続
- 無制限の接続、アップロードの上限が高い接続、またはアップロードの上限を超えないように定期的に監視する接続。高速接続のフルノードでは、毎月200GB以上のアップロードを使用するのが一般的。ダウンロードの使用量は月に約20GB、さらにノードを最初に起動した時にはさらに約195GB。
- フルノードを実行し続けることができる時間が、1日6時間。さらに時間が長くなることがよくある。ノードを継続的に実行できるのであれば、最良である。

出典 「Running A Full Node」
URL https://bitcoin.org/en/full-node

　これらの条件から、ある程度のスペックと容量が必要とされることがわかります。フルノードは過去のすべてのブロックのデータやトランザクションデータなどを保持し、他のノードと常にデータのやり取りを行わなければいけないためです。

　このような条件を満たしていればローカル（自前のPCなど）にダウンロードしても構いません。今回は利便性と再現性を考慮して、Amazonが提供しているAmazon Web Services（AWS）のEC2を利用して導入する例を示します。

　ただし、注意点が2点あります。まず1点目は、AWSは従量課金制のサービスで利用する時間によって利用料が大きくなることです。本書で扱うスペックで1ヶ月稼働し続けると3000〜6000円ほどの料金が発生するので注意してください。ほしいデータが手に入ったり、メカニズムが理解できたりして、「目的が果たせた」と感じた場合は、利用を停止するのも一考です。

　2点目は、AWSのサービスやセットアップについては、AWS公式サイトや他の解説書を参考にしてください。本書ではBitcoin Coreの起動に不可欠な部分のみを解説しています。

　なお、本書ではmacOSを用いたターミナルでの操作で進めているため、WindowsやLinuxをお使いの方は自分のPCの環境に置き換えて参考にしてください。また、今回はAWSでAMIを選択する際にAmazon Linuxを選んでい

ますが、これはCentOSがベースとなっているため、Bitcoin Coreのインストールもそれに合わせて行っています。UbuntuやmacOS、Windowsなど他のOSではインストール方法が異なるため、独自にインストールしたい方はBitcoin Coreの公式ページを確認して行ってください。

16.3.3 インストール方法

AWSのアカウントを持っていない場合や新しいアカウントで利用したい場合は、AWSのサイトにアクセスしてアカウントを取得しましょう。アカウントを利用してコンソールにログインします（図16.2）。

図16.2 AWSログイン画面

画面左上にある検索欄でEC2と検索するか、サービスをクリックした後、サービス一覧からEC2を選択して、EC2のダッシュボードを表示させます（図16.3）。

図16.3 マネジメントコンソールの表示

続いて、インスタンスの作成を行うために、インスタンスの作成をクリックします（図16.4）。

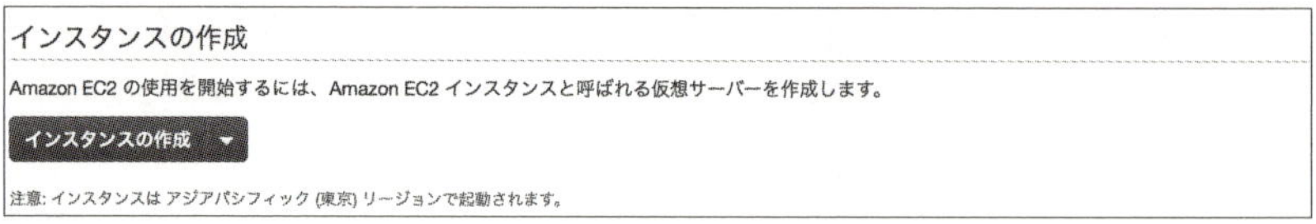

図16.4 インスタンスの作成

サーバーのイメージ (OS) として、「Amazon Linux AMI 2018.03.0 (HVM), SSD Volume Type」の選択をクリックします（図16.5）。

図16.5 AMIの選択

次に、インスタンスタイプを選択しますが、ここでは「t2.medium」を選択しましょう（図16.6）。このインスタンスタイプを選択した理由は、前述のBitcoin Coreの起動に必要な要件を満たしているためです。

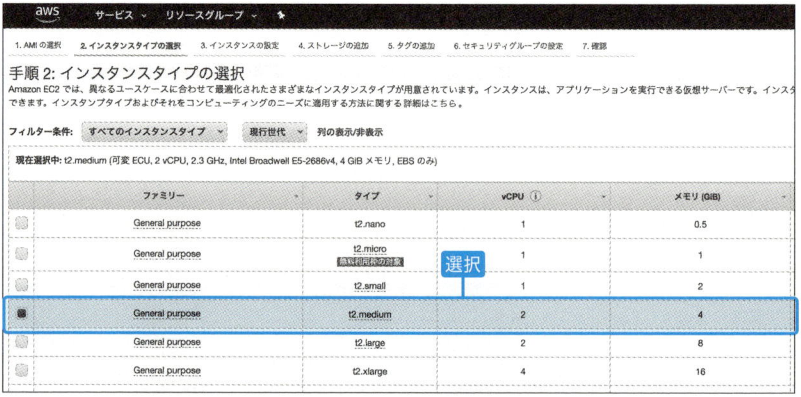

図16.6 インスタンスタイプの選択

「次の手順」をクリック後は「インスタンスの詳細の設定」画面に遷移します。

さらに「次の手順」をクリックすると「ストレージの追加」画面に遷移します。300GBで設定します。フルノード自体は2019年9月では200GBほどですが、その他のさまざまなデータが格納されるため、より多めのサイズが必要です（図16.7）。

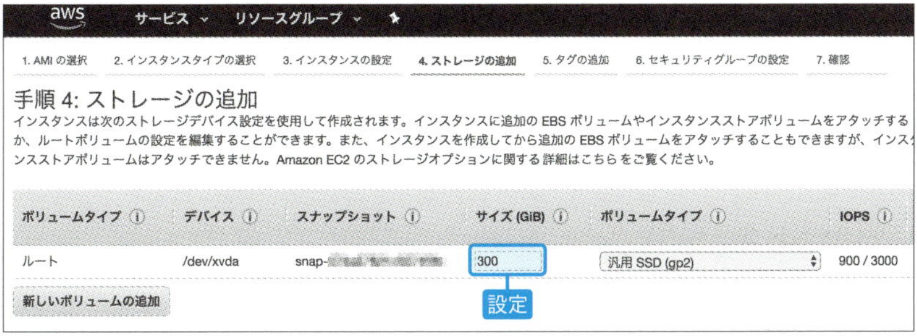

図16.7 ストレージの設定

その後は、タグやセキュリティグループを設定しますが、各自の状況に応じて設定した上で、最終的に「確認と作成」をクリックしてインスタンスを作成しましょう（図16.8）。また、「起動」をクリックしてキーペア名を設定し、キーペアを忘れずにダウンロードしておきましょう。

図16.8 キーペアの設定とダウンロード

キーペアがダウンロードできたら、ターミナルからSSH通信（MEMO 参照）でインスタンスにアクセスします。

MEMO

SSH

データを暗号化して安全に通信する方式です。WindowsでSSH通信をするには
TeraTermなどのツールを導入する必要があります。

キーペアをダウンロードしたファイルを置いてあるディレクトリに移動して、
以下のコマンドを実行します。

● [ターミナル]

```
$ ssh -i（キーペア名）.pem  ec2-user@（IPv4パブリックIP）
```

初めてアクセスする際は、以下のコマンドを実行してから、上記のコマンドを
実行しましょう。

● [ターミナル]

```
$ chmod 400（キーペア名）.pem
```

ターミナルでBitcoin Coreのバージョン0.18.0の圧縮ファイルをダウンロー
ドします。違うバージョンを利用したい場合は0.18.0の部分を該当するバージョ
ンに変更します。

● [ターミナル]

```
$ curl -O https://bitcoin.org/bin/bitcoin-core-0.18.0/➡
bitcoin-0.18.0-x86_64-linux-gnu.tar.gz
```

ダウンロードしたデータは圧縮されているため、解凍します。

● [ターミナル]

```
$ tar zxvf bitcoin-0.18.0-x86_64-linux-gnu.tar.gz
```

その後、以下のコマンドでインストールを実行します。

● [ターミナル]

```
$ sudo install -m 0755 -o root -g root -t /usr/local/bin ➡
bitcoin-0.18.0/bin/*
```

次に、.bitcoinディレクトリを作り、その直下にbitcoin.confという設定ファイルを作成します。

● [ターミナル]

```
$ mkdir .bitcoin
$ cd .bitcoin
$ touch bitcoin.conf
```

なお、.bitcoinディレクトリ内でbitcoin.confを作成しない場合でもデーモンを立ち上げることは可能ですが、トランザクションにインデックスが付けられていないという状態で起動するため、この先のコマンドを正しく実行することができません。また、bitcoin.confは自動的に生成されないため、正しく.bitcoinディレクトリが作成されているか、とそのディレクトリ内にbitcoin.confが作成されているかを確認するようにしてください。

次に、お好みのエディタを用いてbitcoin.confを編集します。ここではvimを利用します。

● [ターミナル]

```
$ vim bitcoin.conf
```

今回はbitcoin.confを以下のように編集します。ビットコインのメインネットへ接続をすることができます。

● bitcoin.conf

```
mainnet=1
txindex=1


server=1
debug=1
rpcuser=好きなユーザー名
```

```
rpcpassword=好きなパスワード
rpcport=8332
```

　なお、テストネットに接続したい場合は以下のように bitcoin.conf を編集します。

● bitcoin.conf

```
testnet=3
txindex=1

server=1
debug=1
rpcuser=好きなユーザー名
rpcpassword=好きなパスワード
rpcport=18332
```

　vim で上書き保存する場合は、［ESC］キーを押して **:wq** と入力します。
　次に Bitcoin Core のビットコインノードを起動して、ネットワークに接続します。以下のコマンドでデーモンを立ち上げることができます。

● ［ターミナル］

```
$ bitcoind -daemon
```

　なお、停止させたい時は以下のコマンドを実行します。

● ［ターミナル］

```
$ bitcoin-cli stop
```

　一旦デーモンを立ち上げると、すでに同期が始まっているので、以下のコマンドで同期済みのブロック数を取得してみましょう。時間を空けて何度か実行すると、時間の経過と共に同期しているブロックが増えていることがわかります。

● ［ターミナル］

```
$ bitcoin-cli getblockcount
```

16-3-4 ディレクトリの説明

Bitcoin Core をインストールし、同期を始めると.bitcoin フォルダにさまざまなデータが蓄積されていきます。それらのデータには 表16.5 のようなものが含まれます。

表16.5 Bitcoin Core のディレクトリ構造

名称	内容
banlist.dat	禁止ノードの IP アドレスやサブネットのリスト
bitcoin.conf	Bitcoin Core の設定ファイル
bitcoin.pid	bitcoind をデーモンで起動した際にプロセスを記録するためのファイル
blocks/blk000??.dat	ブロックの生データ
blocks/rev000??.dat	blocks ディレクトリ内に格納されている、undo データ
blocks/index/*	既知のブロックのメタデータやその格納場所のデータが格納されている Key-Value 型のデータベース
chainstate	UTXO とそのトランザクションのメタデータをコンパクトにした Key-Value 型のデータベース
database	Berkeley DB のジャーナリングファイルが格納されるディレクトリ
db.log	ウォレットデータベースのログファイル
debug.log	他のノードとのやり取りや同期のプロセスを記録したログ
fee_estimates.dat	手数料と優先順位を予測するための統計データ
mempool.dat	メモリプール内のトランザクションの記録
peers.dat	再接続用のピアの情報を記録しているストレージ
wallet.dat	鍵やトランザクション、メタデータ、オプション情報が保存される Berkeley DB のデータベースファイル
.cookie	セッション RPC 認証クッキー。クッキー認証が使用されている時に書き込まれ、シャットダウン時には削除される
onionprivatekey	キャッシュされた匿名通信サービスで使われる秘密鍵
testnet3	testnet モードで bitcoind を起動した際のデータ。testnet モードは、本番のネットワークと環境が同じで、経済的な価値を持たないネットワーク
regtest	regtest モードで bitcoind を起動した際のデータ。regtest モードとは、独自のブロックチェーンやネットワークを作ることができるモード
.lock	Berkeley DB のロックファイル

16 3 5 データを取得してみよう

　正常に同期が進めば、コマンドラインからコマンドを通してデータを取得することができます。

　以下のコマンドでは、現在同期できているブロックチェーンに関する情報を取得できます。接続しているネットワークの種類や同期済みのブロック数、ネットワークに存在するブロックの総数などを知ることができます。

● [ターミナル]

```
$ bitcoin-cli getblockchaininfo
```

　以下のコマンドでは、立ち上げたノードがいくつのピアと接続しているのかを取得することができます。ビットコインのP2Pネットワークでは1つのノードは最大8つのノードと接続することになっているため、接続が安定すれば8で落ち着くはずです。

● [ターミナル]

```
$ bitcoin-cli getconnectioncount
```

　他にもさまざまなコマンドを用いることであらゆるデータを取得することができます。Bitcoin Coreの公式サイトで確認することもできますし、以下のコマンドを実行することで各種コマンドの使い方を確認することができます。

● [ターミナル]

```
$ bitcoin-cli help
```

　本書で扱ったプログラムにおいて、フルノードから取得した実際のデータを用いてみて実際に機能しているかを確認してみるとよいでしょう。また、debug.logを取得することで、他のノードと接続してやり取りしている様子を知ることも可能です。データサイズが大きくなりがちではありますが、生のビットコインのデータに触ることで、ビットコインのブロックチェーンの仕組みを肌で感じることができます。

　トランザクションのデータを取得することもできます。以下のコマンドを利用することでトランザクションの生データを得られます。

● [ターミナル]

```
$ bitcoin-cli getrawtransaction  {トランザクションID}
```

　以下のコマンドで、第10章で扱ったトランザクションの生データを取得することができます。Smartbitのような公開APIを叩かなくともフルノードを立てていれば、手持ちのデータのみでデータの正しさを確認することができます。

● [ターミナル]

```
$ bitcoin-cli getrawtransaction 0e942bb178dbf7ae40d36d238d55➡
9427429641689a379fc43929f15275a75fa6
```

　生データでは可読性が低いため、JSON形式に変換することが多いです。以下のコマンドを利用することでJSON形式へ変換できます。

● [ターミナル]

```
$ bitcoin-cli decoderawtransaction {トランザクションの16進数データ}
```

　以下のコマンドは特定のブロックの中身を確認できるもので、ブロックに格納されているトランザクションや1つ前のブロックヘッダのハッシュ値などを取得できます（**リスト16.1**）。ちなみに、000000000000679c158c35a47eecb6352402baeedd22d0385b7c9d14a922f218はブロック高111111のブロックのブロックヘッダのハッシュ値です。

● [ターミナル]

```
$ bitcoin-cli getblock 000000000000679c158c35a47eecb6352402b➡
aeedd22d0385b7c9d14a922f218
```

リスト16.1 ブロックに格納されているトランザクションやハッシュ値などを取得

```
{
  "hash": "000000000000679c158c35a47eecb6352402baeedd22d0385➡
b7c9d14a922f218",
  "confirmations": 466925,
  "strippedsize": 3202,
```

```
  "size": 3202,
  "weight": 12808,
  "height": 111111,
  "version": 1,
  "versionHex": "00000001",
  "merkleroot": "a09442e76a15a77694b31c20a105ff5e2000ee4ec4d
7db42ecec1b56e041da32",
  "tx": [
"e7c6a5c20318e99e7a2fe7e9c534fae52d402ef6544afd85a0a1a22a8d0
9783a",
"3fe7ac92b9d20c9b5fb1ba21008b41eb1208af50a7021694f7f73fd37e
914b67",
"b3a37d774cd5f15be1ee472e8c877bcc54ab8ea00f25d34ef11e76a17ec
bb67c",
"dcc75a59bcee8a4617b8f0fc66d1444fea3574addf9ed1e0631ae85ff6c
65939",
"59639ffc15ef30860d11da02733c2f910c43e600640996ee17f0b12fd0c
b51e9",
"0e942bb178dbf7ae40d36d238d559427429641689a379fc43929f15275a
75fa6",
"5ea33197f7b956644d75261e3c03eefeeea43823b3de771e92371f3d63
0d4c56", "55696d0a3686df2eb51aae49ca0a0ae42043ea5591aa0b6d75
5020bdb64887f6", "2255724fd367389c2aabfff9d5eb51d08eda0d7fed
01f3f9d0527693572c08f6", "c8329c18492c5f6ee61eb56dab52576b1d
e48bbb1d7f6aa7f0387f9b3b63722e",
"34b7f053f77406456676fdd3d1e4ac858b69b54daf3949806c2c92ca70d
3b88d"
  ],
  "time": 1298920129,
  "mediantime": 1298915637,
  "nonce": 1118842632,
  "bits": "1b012dcd",
  "difficulty": 55589.51812686866,
```

```
    "chainwork": "00000000000000000000000000000000000000000000
0000160d7f846af97ab0",
    "nTx": 11,
    "previousblockhash": "00000000000032f45710e7abd343e6450b9d
ec2684876852929f6f54184fff18",
    "nextblockhash": "0000000000011d5533cc761e36eab351a92593df
d16c4c16b9076a4928c5c864"
}
```

16.4 ブロックチェーンのカスタマイズを進めてみよう

本書では、シンプルなブロックチェーンを実際に作ってきました。次のステップとして、このブロックチェーンをカスタマイズしていくことをお勧めします。

16.4.1 本書で扱ったプレーンブロックチェーン

本書では、プレーンブロックチェーンを構築し、そこに難易度調整、マークルルートを実装することでカスタマイズしてきました（図16.9）。

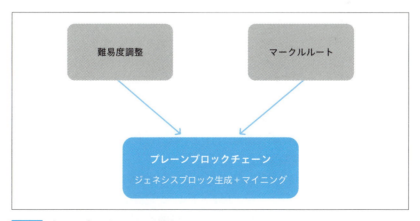

図16.9 プレーンブロックチェーンの構成

もちろん、実際のブロックチェーンはこれよりもはるかに複雑な構造をしており、セキュリティ面も強靭です。また、ビットコインのブロックチェーン以外にも多種多様なブロックチェーンが開発されており、もはや一概に括りきれない状況にもあります。このような状況なので、本書で学習を進めてきた皆さんには、今回作ったプレーンブロックチェーンを自身の関心に合わせてカスタマイズしていくことをお勧めします。カスタマイズする上での方向性を3つ紹介します。

16-4-2 より"リアル"に近づける

今回のプレーンブロックチェーンにはウォレット機能やトランザクションデータ生成機能を組み込んでいません。本書はブロックチェーンの概要を学習することをメインにしているため、複雑になることを避けるためにあえて機能から外しました。しかし、本書の内容をしっかり理解できた方であれば、ウォレット機能の実装やセキュリティ面を強化する実装など、よりリアルなブロックチェーンに近いものに改造していくことも可能でしょう。

16-4-3 他の言語で実装してみる

今回はPythonをピックアップして学習を進めてきましたが、他の言語で同じような仕組みを実装するのもよいでしょう。Pythonは人気の高い言語ではありますが、同じく人気のあるC言語やJava、Ruby、PHP、JavaScriptなど日頃から慣れ親しんでいる言語で実装すると、より理解が深まるはずです。ブロックチェーンにおいて重要な点はその本質的な仕組みを理解することであり、その理解さえできれば他の言語でも実装可能です。また、言語によっては開発において便利で強力なライブラリが用意されている場合もあるので、リサーチしてみるとよいでしょう。

16-4-4 新技術を取り込んでみる

ブロックチェーン関連の研究開発は目覚しいスピードで進んでおり、日々新しい研究成果が発表されています。プレーンブロックチェーンを実装して中身が理解できた方は、そのような新技術を部分的にでも実装するというのもお勧めです。暗号技術やオフチェーン技術、サイドチェーン技術などの研究が盛んに行われているため、それら新技術が目指している方向性や課題意識などを知る上でも自分の手で動かしていくのが最適でしょう。

16.5 DApps開発に挑戦してみよう

ブロックチェーンについて理解した後は、それを利用したアプリケーションの開発もお勧めします。本書をここまで読み進めた今の皆さんであれば、DAppsの設計や運用についての学習もスムーズにできるはずです。

16-5-1 DApps開発プラットフォーム

DAppsの開発に最適なプラットフォームは状況によって変わりますが、近年人気のあるものには 表16.6 のプラットフォームが挙げられます。

表16.6 プラットフォーム型ブロックチェーン

プラットフォーム	概要
Ethereum（イーサリアム）	言わずと知れたパブリックチェーン。2019年現在、多くのDAppsやトークンがイーサリアムを用いて開発されている
EOS（イオス）	"イーサリアムキラー"として注目を集めているパブリックチェーン。イーサリアムよりも高速に処理できる長所がある
NEM（ネム）	独自のコンセンサスアルゴリズムを採用しているプラットフォーム。将来的にCatapultというアップデートを予定しており、より高機能なブロックチェーンになると期待されている
Hyperledger Fabric（ハイパーレジャー・ファブリック）	The Linux Foundationが開発を始め、IBM社も推進しているコンソーシアムチェーン。ビジネスでの利用が想定されており、コンセンサスアルゴリズムの組み合わせなどで高い自由度を持っている
Corda（コルダ）	R3社が中心になって開発を推進しているコンソーシアムチェーン。ビジネスでの利用が想定されており、すでに世界的な金融機関が採用している

16-5-2 プラットフォームの選び方

DAppsを開発する際に欠かせないのがスマートコントラクトですが、利用するプラットフォームによって使える言語が異なります。イーサリアムはSolidityやVyperという独自言語が必要ですが、EOSはC言語、Hyperledger FabricはGo言語やJava、Node.jsなどで記述できます。日頃から使い慣れている言語で記述できるプラットフォームを選ぶか、新たに学習して使えるようになるかでプ

ラットフォームの選択肢が変わってきます。また、どれだけのユーザーがいるか、既存ビジネスとの相性はどうかなどといった観点で考えることもできます。学習コストや事業戦略などとの兼ね合いで最適なものを選択するとよいでしょう。

章末問題

問1

Bitcoin Coreに関する記述として正しいものを1つ選びなさい。

1. Bitcoin Coreは、Pythonで作られている。
2. Bitcoin Coreでは、フルノードを立てることができる。
3. Bitcoin Coreは、Linuxでのみ稼働する。

問2

プラットフォーム型ブロックチェーンに関する記述として間違っているものを1つ選びなさい。

1. EOSはEthereumよりも高速に処理できる。
2. NEMは、将来的にCatapaltと呼ばれるアップデートを予定している。
3. HyperLedger Fabricはパブリックチェーンである。

| Appendix | 章末問題の解答 |

章末問題の解答をまとめました。

第1章

問1 3

問2 2

問3 3

問4 例）イーサリアム、EOS、IOTA、Zilliqaなどが有名です。調べてみましょう。

問5 例）著作権の保護、自律型深宇宙航行システム　など。

第2章

問1 2

問2 1

問3 2

問4 3

問5 2

第3章

問1 3

問2 2

第4章

問1 3

問2 2

問3 2

問4 （ダウンロードサンプルのコードをご覧ください）

問5 （ダウンロードサンプルのコードをご覧ください）

第5章

問1 2

問2 3

問3 2

問4 例）Java、Ruby、PHP、JavaScript、Swift、C++。

問5 手続き指向、関数型など。

第6章

問1 2

問2 3

問3 2

第7章

問1 3

問2 （ダウンロードサンプルのコードをご覧ください）

問3 1

第8章

問1 3

問2 （ダウンロードサンプルのコードをご覧ください）

問3 （ダウンロードサンプルのコードをご覧ください）

第9章

問1 3

問2 2

問3 2

問4 （ダウンロードサンプルのコードをご覧ください）

第10章

問1 3

問2 1

問3 （ダウンロードサンプルのコードをご覧ください）

第11章

問1 1

問2 2

問3 1

第13章

問1　（ダウンロードサンプルのコードをご覧ください）

第14章

問1　（ダウンロードサンプルのコードをご覧ください）

問2　（ダウンロードサンプルのコードをご覧ください）

問3　（ダウンロードサンプルのコードをご覧ください）

第15章

問1　3

問2　2

問3　3

第16章

問1　2

問2　3

おわりに

　本書を最後まで読んでいただきありがとうございました。ブロックチェーンという一見、捉えどころのない技術を実際に手を動かしつつ学ぶという、ある意味挑戦的なテーマはいかがでしたか。何度も読み、コードを触ってみて初めて理解できる部分もあるはずなので、ぜひ繰り返し学んでいただきたいと思います。

　さて、「ブロックチェーンは世界を変える」と言われることも多いのですが、大事なのは、あなたがブロックチェーンという力をどのように学び、使うのかにかかっているということです。著者の株式会社FLOCは、そのための体系的・実践的な教育カリキュラムを提供する「FLOCブロックチェーン大学校」や、即戦力人材と企業とのマッチングを行う「FLOC agent」を展開しています。本書でブロックチェーンを学ぶことに少しでも興味をもった方は、FLOCブロックチェーン大学校の無料体験セミナー（https://floc.jp/trial/）に参加してみてください。

　FLOCブロックチェーン大学校校長であるジョナサン・アンダーウッドは、業界第一線のエンジニアでもあり、「未来を創る人」を目指すあなたを待っています。またいつかどこかで、あなたと仲間としてご一緒できることを楽しみにしています。

謝辞

　本書の執筆にあたり、執筆協力者の赤澤より株式会社FLOCの皆さんに心から感謝申し上げます。数多くの議論や校正、コードレビューなど多方面からご協力いただきました。また、FLOCブロックチェーン大学校校長のジョナサンには、ブロックチェーンやPythonについて多くの点で助けていただきました。本当にありがとうございました。

INDEX

記号

！（エクスクラメーションマーク）	041
＊（アスタリスク）	075

数字

10進数	049
1BTC	138
1d777777	177
1e777777	177
1億satoshis	138
1バイト	048
256ビット（32バイト）	114
2進数	049
51％攻撃	032
8ビット	048

A/B/C

account'	121
add_blockメソッド	184, 185
add_newblock関数	186
add_newblockメソッド	186, 195
address_index	120
addメソッド	158
Anaconda	038
APIURL	130
appendメソッド	055
arXiv	218
ASIC	031
Base58	102, 104
Base58Check	103
binascii	093
BIP	121, 218
BIP44	120
Bitcoin Core	137, 221, 229
bitcoin.conf	227
Bitcoin.org	137, 218

BitcoinCore	129
Bits	087
bits	170, 183
block_hash	179
blockchain.info	137
Blockchainクラス	169, 180, 183, 191
blockhashメソッド	158
blockheader	086, 181
blocksize	086
Blockstream	218
Blockインスタンス	159
Blockクラス	158, 180
bool（真偽）値	059
bool型	054
calc_blockhashメソッド	181, 182
calc_merklerootメソッド	201
calc_targetメソッド	182, 193
chain	183
chainの配列	158
change	120
check_valid_hashメソッド	183, 184
coefficient	155
coin_type'	120
Coindesk	219
Cointelegraph	219
Corda	235
create_genesisメソッド	185, 186
create_genesis関数	186
Cryptoeconomics Lab	218
CWI Amsterdam	083

D/E/F

DApps	013, 212
DApps開発	233
def	052
dict（辞書）型	054
dict型	054
Difficulty	030
Difficulty Target	154, 156
Difficulty bits	154

DPoS	032	len 関数	056
ecdsa	094	list 型	054
elapsed_time	179	Locking Script	143
EOS	235	Locktime	125
Ethereum	212, 235		
exponent_bits	183, 194	**M/N/O**	
float 型	054	magicnum	086
for 文	059, 061	MarkleTree クラス	201
freeze コマンド	073	Merkleroot	087, 088
		Merkletree	088
G/H/I		mining 関数	186
genesis_block インスタンス	186	mining メソッド	184
get_retarget_bits メソッド	196	NEM	235
getblockinfo メソッド	184, 185	new_bits	196
GET メソッド	130	NIST	083
Hashchain クラス	158, 159	Nonce	028, 087, 152, 160
hashlib	181	NumPy	073
HD ウォレット	111	OP_CODE	142
HD ウォレットのパス	120	os	093
HMAC-SHA512	112, 116	Output counte	125
HMAC-SHA516	083	Outputs	125
Hyperledger Fabric	235		
if _ _name_ _ == '_ _main_ _':	075	**P/Q/R**	
if 文	059, 060	P2PK	145
import 文	074	P2PKH	144
Input counter	125	P2P ネットワーク	025, 026
Inputs	125	P2P 方式	007
insert メソッド	056	P2SH	146
int 型	054	Pay-to-Public-Key	145
IoT	018	Pay-to-Public-Key-Hash	144
IOTA	213	Pay-to-Script-Hash	146
		pip	039, 041
J/K/L		PoI	032
join メソッド	203	PoS	032
JSON	058	PoW	150
json.dumps	184	Prev block hash	087
JSON 形式	126	prev_hash	158, 186
Jupyter Notebook	041	Proof of Work	028, 150
key	057	Proof of Work のプロセス	029
LayerX Research	218	purpose'	120

INDEX

Python	038
range	159
range関数	184
requests	129
Retargeting	190
return	052
RIPEMD-160	083

S/T/U

satoshis	138
SegWit	120, 121, 209, 215
SHA-256	083
SPVノード	027
SSH	226
str型	054
Tangle	213
temp_bits	194
Time	087
to_jsonメソッド	181
Two-Way Peg	211
TXID	128, 130
Txs	086
Txsvi	086
type関数	054
Unlocking Script	143
Unspent Transaction Output	135
UTXO方式	136, 137

V/W/X/Y/Z

value	057, 155
Version	087, 125
vin	135
vout	135
while文	059, 062
XRP LCP	032
zk-SNARKs	215

あ

アウトプット	143
アウトプットデータ	128

アカウントベース方式	136, 137
圧縮公開鍵	115
アドレス	092
アドレスの生成	102
アルトコイン	015, 016
暗号アルゴリズム	024
暗号技術	022
暗号学的ハッシュ関数	022
アンダーバー（_）	051
イーサリアム	013, 212
辞書型	057
インスタンス	067
インストーラー	040
インデックス	055, 116
インデント	058
インプットデータ	128
ウォレット	108
ウォレットの安全性	108
ウォレットの利便性	108
オブジェクト指向	066
オフチェーン	210
親秘密鍵	116
オンチェーン	210

か

改ざん	008
階層的決定性ウォレット	111
開発環境	039
拡張鍵	118
拡張公開鍵	119
拡張秘密鍵	119
カスタマイズ	167
関数	052
完全準同型暗号	216
機密性	082
強化導出鍵	119
共通鍵暗号方式	023
クライアントーサーバー方式	026
クラス	066
グローバルスコープ	053

決定性ウォレット	109, 110
コインベース取引	139
公開鍵暗号方式	022
公開鍵	095
コールドウォレット	109
子鍵	116
子鍵の子鍵	116
固定長	082
子秘密鍵	117
コンセンサスアルゴリズム	028
コンソーシアムチェーン	011, 016

さ

サイドチェーン	211
サイドチェーン技術	211
サトシナカモト	014
ジェネシスブロック	014, 166, 185
ジェネシスブロックの生成	167
辞書	057
四則演算	048
シフト	049
集中システム	004
シュノア署名	215
準同型暗号	215
剰余演算	097
処理速度	082
ジレンマ	208
新規ブロックの接続	167
数値	058
スクリプト言語	142
スケーラビリティ	208
スケーラビリティ問題	208
スタック	142
ステートレス	142
スマートコントラクト	012, 136
制御文	059
セル	041
双方向のペグ	211

た

単一障害点	005
タイムスタンプな	006
楕円曲線	095
楕円曲線暗号	022, 024, 092, 094, 095
楕円曲線離散対数問題	024
タングル	213
チェーンコード	112
データ型	053
データ構造	166
データの効率化	209
デポジット	210
電子署名	024
特殊メソッド	068
トラストレス	008
トランザクション	086, 088
トランザクションID	125
トランザクションデータ	124, 129
トランザクションのバリエーション	144
トレーサビリティ	017

な

難易度	030
難易度調整	030, 166, 190
ナンス	028
二重支払い防止	136
二重支払い問題	028
ノード	025

は

バージョンバイト	103
配列	055, 058
配列 tx_list	201
ハッキング	109
パッケージ	072
パッケージ管理ツール	073
ハッシュ化	024
ハッシュ関数	082
ハッシュ計算	031, 152
ハッシュチェーン	087

INDEX

ハッシュパワー	030
パブリックチェーン	009
パラメトリック保険	018
比較演算子	059
非決定性ウォレット	109, 110
ビット演算子	048
ビットコイン	013
ビットコインブロックチェーン	124
ビット論理積	049
ビット論理和	049
秘密鍵	093
標準モジュール	072
不可逆性	082
プライベートチェーン	010, 016
プラットフォーム型ブロックチェーン	012, 016
フルノード	027, 125, 129, 197
プレーンブロックチェーン	166, 172
プレフィックス	099
ブロックサイズの拡張	209
ブロック高	125
ブロックチェーン	004
ブロックチェーン2.0	012
ブロックチェーンのカスタマイズ	233
ブロック内部	086
ブロックの構築	167
ブロックヘッダ	006, 086, 087, 151
ブロックヘッダのハッシュ化	156
分散型SNS	018
分散型アプリケーション	013
分散型ゲーム	017
分散システム	004
変数	051
変数expected_time	192
変数txs	201
変数のスコープ	053
ホットウォレット	109

ま

マークルツリー	088, 196
マークルルート	088, 196
マイクロペイメントチャネル	211
マイナー	029
マイニング	029, 167, 190
孫鍵	116
マスター秘密鍵	112
マスター鍵	113
マスター公開鍵	112
マスターチェーンコード	112
メインチェーン	211
メタデータ	006, 072
モジュール	072
モジュロ	097
文字列	058

や

ユースケース	017
要素	057

ら

ライトニングネットワーク	210
ライブラリ	045
乱数	092
離散対数問題	097
リスト	055
量子コンピューター	214
量子耐性のあるブロックチェーン	214
ローカルスコープ	053
ロックとアンロック	144

PROFILE 著者プロフィール

株式会社FLOC（フロック）

「Create Creaters～未来を創る人を、つくる～」をミッションに掲げた教育ベンチャー。教育事業を行う「FLOCブロックチェーン大学校」のほか、ブロックチェーン人材の人材紹介及びキャリア支援を行う「FLOC agent」、ブロックチェーン×ビジネス活用のためのコミュニティスペース「丸の内vacans」を運営する。金融構造を変化させるブロックチェーン、分散型台帳技術（DLT）のプラットフォームを構築し、フィンテックやIoT、スマートコントラクト等の第4次産業革命の成長に貢献していく。

> URL https://floc.jp/
> URL https://vacans.tokyo/

PROFILE 執筆協力者プロフィール

FLOCブロックチェーン大学校講師
赤澤直樹（あかざわ・なおき）

ブロックチェーンエンジニア。フリーランスとしてシステム開発やAI開発、データ解析に従事する中で分散システム、特にブロックチェーン技術の奥深さに魅了される。教育を通じて、共に活躍できるブロックチェーンエンジニアを輩出するべく、株式会社FLOCに参画。講師や各種執筆、中上級者向けの新規教育コンテンツ制作に加え、広島大学大学院博士課程後期で研究活動も行う。

装丁・本文デザイン	大下 賢一郎
装丁写真	iStock / Getty Images Plus
DTP	株式会社シンクス
校正協力	佐藤弘文

Pythonで動かして学ぶ!
あたらしいブロックチェーンの教科書

2019年11月11日　初版第1刷発行

著　者	株式会社FLOC (https://floc.jp)
発行人	佐々木幹夫
発行所	株式会社翔泳社（https://www.shoeisha.co.jp）
印刷・製本	株式会社ワコープラネット

©2019 FLOC

※本書は著作権法上の保護を受けています。本書の一部または全部について（ソフトウェアおよびプログラム
を含む）、株式会社 翔泳社から文書による許諾を得ずに、いかなる方法においても無断で複写、複製す
ることは禁じられています。
※本書へのお問い合わせについては、iiページに記載の内容をお読みください。
※落丁・乱丁の場合はお取替えいたします。03-5362-3705までご連絡ください。

ISBN978-4-7981-5944-7　Printed in Japan